黑龙江省旅游气象资源评估与服务

主　编　陈　农
副主编　闫敏慧

气象出版社
China Meteorological Press

内 容 简 介

　　本书根据 1991—2020 年 30 年整编气候资料,分析了黑龙江省冬季冰雪旅游、夏季避暑旅游和春秋季特色观赏游的独有气候资源和优势,并对黑龙江省旅游气象服务做了相应的介绍。

　　本书较全面、系统地向读者介绍了黑龙江省旅游气象资源,为读者了解黑龙江省各旅游季节的天气气候特点提供了有益的帮助。书内涉及大量气象数据的统计和分析,可为从事旅游气象服务工作的专业技术人员提供参考,并适合爱好旅游以及热衷于了解旅游气象知识的各界人士阅读使用。

图书在版编目（CIP）数据

　　黑龙江省旅游气象资源评估与服务 / 陈农,闫敏慧
主编. -- 北京 : 气象出版社, 2023.5
　　ISBN 978-7-5029-7969-0

　　Ⅰ. ①黑⋯ Ⅱ. ①陈⋯ ②闫⋯ Ⅲ. ①地方旅游业—
气象服务—研究—黑龙江 Ⅳ. ①P451

　　中国国家版本馆CIP数据核字(2023)第083465号

黑龙江省旅游气象资源评估与服务
Heilongjiang Sheng Lüyou Qixiang Ziyuan Pinggu yu Fuwu

出版发行：气象出版社	
地　　址：北京市海淀区中关村南大街 46 号　**邮政编码**：100081	
电　　话：010-68407112（总编室）　010-68408042（发行部）	
网　　址：http://www.qxcbs.com　**E－mail**：qxcbs@cma.gov.cn	
责任编辑：冷家昭　吴骓同	**终　　审**：张　斌
责任校对：张硕杰	**责任技编**：赵相宁
封面设计：楠竹文化	
印　　刷：北京建宏印刷有限公司	
开　　本：787 mm×1092 mm　1/16	**印　　张**：9.5
字　　数：237 千字	
版　　次：2023 年 5 月第 1 版	**印　　次**：2023 年 5 月第 1 次印刷
定　　价：86.00 元	

编委会 ••••

主　　编：陈　农

副主编：闫敏慧

编　　委：王　蕾　　杨　宁　　常旭佳　　胡晓径　　张金峰　　高　玲

　　　　　阙粼婧　　吕欣陆　　王圣坤　　王建一　　王　蕊

序

天气、气候跟旅游业密切相关,气象条件往往是形成旅游景观的基础,气候环境和天气条件作为影响旅游适宜性的重要因素,正在赋能避暑避寒、生态康养等旅游新业态的发展。随着我国经济社会的发展和人民日益增长的对美好生活的向往,旅游产业发展必将迎来新的机遇,"气象＋旅游"发展潜力巨大。

我国地域辽阔,气候条件南北有异、东西各别,不同气候条件的影响形成了各具特色的自然景观和人文环境。黑龙江省是中国位置最北、纬度最高的省份,东西跨 14 个经度,南北跨 10 个纬度,大农田、大森林、大湿地、大界江、大冰雪,描绘的不仅是其得天独厚的自然生态环境,也反映出其具有丰富多样的旅游气候资源禀赋——冬季冰雪游、夏季避暑康养游、春秋季观江赏花游。

本书详细分析了黑龙江省各季节的旅游气象资源,回顾总结了近年来黑龙江省气象部门拓展旅游气象服务领域方面做出的实践和取得的成效。季节流转,美景更迭,变幻的是龙江大地多彩的旅游风光,但不变的是气象工作者一直追求监测精密、预报精准、服务精细的目标和行动。

2023 年 5 月

目 录 ●●●●

第 3 章 黑龙江省夏季避暑气象旅游与气象服务

第 4 章　黑龙江省春秋季旅游气候资源评估与服务

第5章 黑龙江省其他气象景观介绍

第1章

黑龙江省旅游气象资源概述与旅游气候季节划分

1.1 黑龙江省旅游气象资源概述

1.1.1 地理位置

气候条件的优劣是决定一个地区旅游业发展的先决条件之一,也是旅游者考虑的主要问题。黑龙江省是在中国位置最北、纬度最高的省份。其地理位置介于北纬43°22′至北纬53°24′、东经121°13′至东经135°05′之间。北部和东部以黑龙江和乌苏里江为界与俄罗斯相望,西部与内蒙古自治区毗邻,南部与吉林省接壤。南北相距1120 km,跨10个纬度;东西相距930 km,跨14个经度,3个湿润区,地形复杂,温差较大。由于其独特的地理位置造成黑龙江省冬季漫长、温度最低、寒冷干燥、夏季气候温润、降水集中、春秋过渡季节短促的气候特点。独特的气候特点成就了黑龙江省独特的旅游气候资源。

1.1.2 黑龙江省四季气候特点及特色旅游

黑龙江省气候寒冷,冬季漫长。按每3个月划为一季,与全国各地四季长短的始末一致,但同处一季各地温度状况、物候现象差异很大。若按我国气候学家提出的用5天的平均温度(候温)为标准,并兼顾各地某些能反映季节来临的植物或动物的生长和活动规律来划分四季,能够较好地反映各地温度状况和物候现象的特点。根据气象行业标准《气候季节划分》(QX/T 152—2012)规定,当22 ℃>候平均气温≥10 ℃为春季;候平均气温≥22 ℃为夏季;候平均气温<22 ℃且≥10 ℃之间为秋季;候平均气温<10 ℃为冬季。按此划分,黑龙江北部一些市县在许多年份春、秋相连,没有夏季。

根据黑龙江省的气候特点,在日常的预报和服务中采用与南方各省不同的季节划分方法,即春季为3—5月,夏季为6—8月,秋季为9—10月,冬季为11月—次年2月。

(1)春季

春季(3—5月)是冬夏季风交替的过渡季节,天气多变,气温变化大,降水少,多大风,空气干燥。各地季平均气温一般为-1.0~7.0 ℃,北部大、小兴安岭及黑河等地为-1.0~4.0 ℃;南部地区在4.0~7.0 ℃。各地季降水量一般为50~115 mm,约占全年降水量的12%~20%,具有经向分布特征,表现为东多西少,西南部地区一般不足60 mm,是黑龙江春季降水最少的地区;东部三江平原、北部小兴安岭及其南部等地,降水为 90 mm 以上;其他地区为 60～90 mm。春季多大风,大风日数各地一般为 4～16 天,约占全年大风日数的 50%～70%,大、小兴安岭,三江平原东部等地为 4～8 天;松嫩平原大部为 12～16 天;其他地区为 8～12 天。各地相对湿度一般为 50%～70%,松嫩平原西南部不足 50%;三江平原东部、哈尔滨地区北部为 60% 以上;其他地区为 50%～60%。

黑龙江省春季气候比较宜人,人体舒适度感受较佳,适合游人出行。当气温回升、春回龙江、江河水温升到 0.2 ℃ 左右时,冰封几个月之久的江面冰层将会裂开,那时将会看到春季的龙江开江盛景——跑冰排,跑起的冰排一块连着一块,场面甚是壮观。亦可以在春花大面积盛开的花季,到黑龙江省的兴安岭中置身林海,领略一下属于北国春季的漫山遍野杜鹃红带来的视觉享受。

(2)夏季

夏季(6—8 月)黑龙江盛行东南季风,气候温热、雨量充沛。各地季平均气温一般为 16～23 ℃,大兴安岭北部为 16～19 ℃;小兴安岭、黑河等地为 18～20 ℃;南部、东部地区为 20～22 ℃。各地季降水量一般为 250～425 mm,约占全年降水量的 5～7 成,大兴安岭北部、松嫩平原西南部地区不足 330 mm;北部大部和东部地区为 300～350 mm;中部地区为 350～400 mm。

由于黑龙省独特的地理区位优势,夏季较全国其他省市而言,气温较低,降水较少,大面积的森林覆盖率以及依托黑龙江、嫩江、松花江等水系,处处彰显黑龙江省大山、大水、大森林、大氧吧等地方特色,拥有丰富的"凉"资源,发展避暑旅游具有得天独厚的条件,为打造夏季特色各异的避暑旅游奠定了坚实的基础,在全国的夏季旅游市场中占有明显的优势。

(3)秋季

秋季(9—10 月)是从夏到冬的过渡季节,夏季风衰退,气温迅速下降,降水量减少。各地季平均气温一般为 2.6～11.8 ℃,北部地区为 2.6～9.0 ℃;南部地区为 7.0～12.0 ℃。各地季降水量一般为 47～120 mm,呈东多西少的分布形势,西部为 60～100 mm,中部为 80～120 mm;东部为 100～120 mm。

黑龙江省各地秋季时间比较短促,但此季节气温适宜,秋高气爽,尤其适合爬山观景等户外活动。提到爬山,不得不说说黑龙江省千里林海的独特秋景"五花山"——每年 9 月中下旬,随着天气转凉,冷空气袭击,山中的红松、落叶松、桦树、枫树等各种树木的树叶开始变色,呈现出各种深浅不同的绿、白、黄、红、紫,晕染在蓝天之下,分外艳丽。

(4)冬季

冬季(11 月—次年 2 月)受干冷的极地大陆气团控制,气温低,降水少,气候寒冷、干燥。各地季平均气温一般为 −24.5～−9.0 ℃,北部地区为 −24.5～−17.0 ℃;南部地区为 −18.0～−12.0 ℃。各地季降水量一般为 8～47 mm,约占全年降水量的 2%～8%,一般为西部少、东部多,西部地区在 6～25 mm;其他地区为 18～48 mm。各地积雪日数一般为 70～200 天,大兴安岭北部、黑河等地为 110～120 天,西南部的松嫩平原为 70～90 天;其他地区为 90～111 天。

黑龙江省冬季漫长,降雪多,雪季长,雪质好,空气质量一流,凭借这些独特的气候条件和适宜的地形条件,为冬季滑雪、滑冰、雪地越野车拉力赛、速滑、冬泳等各类冬季运动项目提供了天然的优势。此外,还有冰雕、雪雕、雾凇、冰溜等景观项目,冰雪项目十分丰富,不断吸引国内外游客。践行"冰天雪地也是金山银山"的发展理念,逐渐形成了独具黑龙江特色的冰雪旅游体系。

1.2 黑龙江省旅游气候季节划分

中国气象局 2012 年 11 月颁布了气象行业标准《气候季节划分》,全国各地四季的季节划分依据此标准。但是,黑龙江省地处中国最东北端,气候条件极为特殊,在执行该行业标准的过程中,特别是进行公众气象服务时,发现当地的气候季节划分后与实际情况不符,不利于气象服务的科普宣传和解读。并且随着黑龙江省旅游事业近年来的不断发展,按当地季节变化开创旅游特色项目是未来的发展方向。基于上述业务需要,黑龙江省气象服务中心起草编制了黑龙江省地方标准《旅游气候季节划分》(DB23/T 3017—2021),该标准已于 2021 年 12 月颁布并实施。

《旅游气候季节划分》地方标准在充分分析黑龙江省气候条件的基础上,利用气温、降水等气象要素的变化特点,结合开江、封江日期以及各季对应的物候现象,在每个季节中又根据季节变化特点和时段长短进行了创新性的分阶段划分,制定了"初春、阳春、初夏、盛夏、末夏、初秋、金秋、初冬、隆冬、末冬"共 10 个旅游气候季节的划分指标。各季节的命名不仅具有创新性,也特别能够满足当地旅游的需要,对于促进黑龙江省旅游、带动地方经济发展将起到一定的作用。

1.2.1 初春

初春是春季的初始阶段,其特点是气温明显上升,积雪融化、江河解除封冻,但春季物候特征尚不明显。黑龙江省的初春始于 4 月中旬,从 21 候到 22 候平均气温由 4.9 ℃升到 6.7 ℃,而这段时间刚好是黑龙江省南部流域开江时间,此时也处于旱柳的芽开放期。根据黑龙江省各地常年平均开江日期对应的日平均气温为 5.59 ℃,而常年植物芽开放期对应的日平均气温 6.02 ℃,确定初春开始的气温指标为 6 ℃。当 5 日滑动平均气温≥6 ℃且<10 ℃时,确定为旅游气候季节的初春时节。

1.2.2 阳春

阳春是春季的繁盛阶段,其特点是气温升高,物候特征明显,杨柳展叶、草木葱茏、春花盛开。阳春时节是不仅能够从气温、降水等天气特征上反映,也是能从大自然的物候变化上充分反映春天已经到来的季节。根据黑龙江省各地常年植物展叶期始期对应的日平均气温 10.54 ℃和其前一日日平均气温 9.52 ℃,从而确定阳春开始的气温指标为 10 ℃。当 5 日滑动平均气温≥10 ℃且<18 ℃时,确定为旅游气候季节的阳春时节。

1.2.3 初夏

初夏是夏季伊始,其特点是气温继续上升,降雨明显增多,树木枝繁叶茂。黑龙江省初夏始于 6 月上旬,此时正是黑龙江省干季转为湿季的时期,也是暴雨、雷暴夏季典型降雨系统逐渐增多的时候。根据黑龙江省降水量突增的第 31 候的全省平均气温 17.8 ℃,从而确定初夏开始的气温指标为 18 ℃。当 5 日滑动平均气温≥18 ℃且<22 ℃时,确定为旅游气候季节的初夏时节。

1.2.4 盛夏

盛夏是夏季的鼎盛阶段,其特点是气温上升至一年中最高,降雨达到一年中最多,植物生长旺盛,荷花绽放。黑龙江省 7 月上旬到 7 月下旬进入盛夏,全省平均气温维持在 22 ℃以上,同时降雨量也将达到峰值期。根据黑龙江省降水量开始进入集中期的第 38 候到 43 候的全省平均气温 21.8 ℃,从而确定盛夏开始的气温指标为 22 ℃。当 5 日滑动平均气温≥22 ℃时,确定为旅游气候季节的盛夏时节。

1.2.5 末夏

末夏是夏季趋向结束的阶段,其特点是气温回落到初夏相仿的水平,降水也有所减少,荷花满池、莲蓬结实。黑龙江省 8 月上旬盛夏结束进入末夏,此时气温逐渐回落,降雨量也有所减少。末夏开始的气温指标承接盛夏的气温指标,确定回落到 22 ℃以下,为末夏的气温指标。当 5 日滑动平均气温≥18 ℃且<22 ℃时,确定为旅游气候季节的末夏时节。

1.2.6 初秋

初秋是秋季的初始阶段。其特点是气温继续回落,凉爽宜人,降水进一步减弱,作物籽粒盈满。黑龙江省的初秋于 8 月下旬开始,由湿季转为干季,夏季的暴雨、雷暴逐渐减少,此时间段可作为秋天开始的节点。初秋开始的气温指标与初夏开始的气温指标相对应,确定 18 ℃为初秋开始的气温指标。当 5 日滑动平均气温<18 ℃且≥14 ℃时,确定为旅游气候季节的初秋时节。

1.2.7 金秋

金秋是秋季的黄金阶段。其特点是气温将进一步降低,水果飘香、作物成熟。9 月中旬,黑龙江省各地陆续进入金秋时节,此时段草木逐渐由绿转黄,也是粮食作物成熟收获的时期。根据黑龙江省最先成熟的水稻为节点,水稻成熟常年日期对应的平均气温为 14.57 ℃,从而确定金秋的气温指标为 14 ℃。当 5 日滑动平均气温<14 ℃且≥6 ℃时,确定为旅游气候季节的金秋时节。

1.2.8 初冬

初冬是冬季的初始阶段。其特点是大地开始冻结、江河出现冰凌,黄叶纷飞,初雪飘落。通常情况下,到 10 月中下旬,黑龙江省降水的相态完全转为降雪,此时天气转冷,供暖开始。因此冬季开始于 10 月中旬到 10 月下旬之间,此时为初冬。初冬开始的气温指标与初春开始的气温指标相对应,确定 6 ℃为初冬开始的气温指标。当 5 日滑动平均气温<6 ℃且≥−10 ℃

时,确定为旅游气候季节的初冬时节。

1.2.9　隆冬

隆冬是冬季的鼎盛阶段。其特点是气温降至一年中最低,冰天雪地、银装素裹,北国江山分外妖娆。黑龙江省隆冬季节从 11 月中下旬开始,随着气温的逐渐下降,江水温度逐渐降低,江面上出现冰花,并开始出现流凌,持续一段时间后江河封冻,以此为标志,进入隆冬。根据黑龙江省各地江河封冻日期对应的平均气温 -9.98 ℃,确定隆冬开始的气温指标为 <-10 ℃。当 5 日滑动平均气温 <-10 ℃时,确定为旅游气候季节的隆冬时节。

1.2.10　末冬

末冬是冬季趋向结束的阶段。其特点是气温逐渐回升,律回岁晚、冰雪渐少。黑龙江省在 2 月下旬以后,气温缓慢回升,寒冷天气有所缓解,各地隆冬结束进入末冬。末冬开始的气温指标承接隆冬,确定上升至 -10 ℃作为末冬开始的气温指标。当 5 日滑动平均气温 $\geqslant-10$ ℃且 <6 ℃时,确定为旅游气候季节的末冬时节。

1.3　黑龙江省代表性旅游景点常年旅游季节开始日期

大美黑龙江,像一幅长长的画卷,铺在中国的最北方,这里旅游资源丰富,景观生态自然,是东北这片沃土上最有魅力的地方。黑龙江省四季分明,冬季的黑龙江银装素裹,笼罩在白烟银雾中,十分静谧。你可以驰骋于亚布力高山滑雪场、可以去冰雪大世界欣赏栩栩如生的冰雕,也可以如孩子般站在松软的雪地上尽情地打一场雪仗……体会黑龙江的冬季冰雪游。夏季的黑龙江更是凭借 2140 万 hm^2 的森林面积、国家级森林公园数量及面积均居全国第一位的优势,使得黑龙江省各地夏季避暑旅游气候条件适宜度评分在全国排位居前。"盛产"的负(氧)离子更是成为黑龙江夏季避暑旅游的标签,有强大的旅游气候资源。虽说黑龙江的春秋过渡季节比较短促,但也有冰雪融化,开江时独特的"跑冰排",江面上漂浮着大大小小的"岛屿",场面十分壮观。秋天漫山遍野的杜鹃红以及那红色的山丁子树、绿色的樟子松、黄色的落叶松和白色的桦树林组成的五彩画卷,美不胜收,让人流连忘返。表 1.1 是选取的黑龙江省境内 11 个著名的旅游景点列表,其中黑河市五大连池景区、牡丹江市镜泊湖景区、伊春市林海奇石景区、大兴安岭漠河北极村景区以及鸡西市虎林虎头景区均为国家 5A 级旅游景区。表 1.1 是根据 1990—2020 年整编资料计算分析得出的这 11 个旅游景点常年旅游季节开始的日期。

表 1.1　历年各旅游季节开始日期

景区名称	初春	阳春	初夏	盛夏	末夏	初秋	金秋	初冬	隆冬	末冬
哈尔滨	4 月 10 日	4 月 23 日	5 月 28 日	6 月 21 日	8 月 18 日	9 月 7 日	9 月 22 日	10 月 21 日	11 月 29 日	2 月 22 日
漠河	5 月 2 日	5 月 20 日	6 月 29 日	/	—	7 月 31 日	8 月 25 日	9 月 22 日	11 月 3 日	3 月 21 日
伊春	4 月 19 日	5 月 4 日	6 月 17 日	/	—	8 月 24 日	9 月 10 日	10 月 10 日	11 月 19 日	3 月 5 日

景区名称	初春	阳春	初夏	盛夏	末夏	初秋	金秋	初冬	隆冬	末冬
五大连池	4月19日	5月3日	6月9日	/	—	8月25日	9月12日	10月10日	11月16日	3月10日
镜泊湖	4月15日	4月29日	6月8日	7月9日	8月8日	9月2日	9月17日	10月18日	11月29日	2月24日
虎林	4月17日	5月1日	6月11日	7月15日	8月8日	9月4日	9月20日	10月20日	11月28日	2月25日
扎龙	4月14日	4月27日	6月1日	6月24日	8月9日	9月2日	9月17日	10月15日	11月22日	3月1日
亚布力	4月14日	4月29日	6月6日	7月3日	8月10日	9月2日	9月17日	10月16日	11月26日	2月27日
雪乡	4月12日	4月26日	6月5日	7月3日	8月14日	9月4日	9月20日	10月20日	12月1日	2月20日
兴凯湖	4月15日	4月29日	6月10日	7月11日	8月7日	9月3日	9月21日	10月19日	11月30日	2月22日
抚远	4月19日	5月2日	6月8日	7月6日	8月7日	9月4日	9月20日	10月17日	11月23日	3月4日

注:"/"表示因气温指标不符,造成某一个旅游季节未出现。"—"表示因某地未出现盛夏,故无末夏。

第2章

黑龙江省冬季特色气象旅游与气象服务

2.1 冰雪资源及其发展概述

2.1.1 冰雪资源的基本特性

冰雪是在寒冷地区，在严寒的气候条件下形成的，是大自然最迷人、最珍奇的"杰作"之一。其仅出现于地球上两极及中高纬度地区，主要集中分布在部分国家和地区。冰雪资源因此也就变成了一种地域性优势资源。

冰雪资源是一个复合概念，从总体上讲包括冰和雪两个部分，从时间上划分包括长年性冻结冰与永久积雪和季节性冻结冰与季节性积雪两大部分。

冰雪资源的时间性和周期性：地球上除了两极及高山地区外，其他辽阔的中高纬度地区气候的时间性、周期性变化非常明显，季节规律较强，一年呈明显的春、夏、秋、冬季变化，且仅在冬季严寒气候条件下才可以有冰雪资源形成。资源规模的限定性及有限的可再生性在目前的科学技术水平下，人类还不能够影响地球气候运行规律。因此，也就不能够影响地球上冰雪资源的总体状况，包括地域分布、时间变化、规模总量等。所以，无论从总体上还是从地域上讲，冰雪资源都是有限的，在一定的周期内是不可再生的。虽然冰雪资源生成的周期性，可实现冰雪资源的再生，但这种再生，无论从时间上，还是从规模上都是有限的。此外，由于冰雪是在特定的温度、湿度条件下形成的，在现有的科学技术水平上，人类虽可以通过模拟环境条件，小规模地、有限地再生一部分冰雪资源，但这同大自然形成的资源规模相比微乎其微。因此，从总体上讲，冰雪资源总体规模是有限的，虽可再生，但却是有条件的有限的再生。

冰雪具有多重的物理特性，可供人类从多个角度进行开发利用。冰和雪的多重物理特性主要表现在有独特的形态特征和一定的景观效应。冰，结晶、透明，给人一种纯洁的美感；雪花，玲珑多姿、洁白、晶莹。其在物理性能上，有较强的可塑性，可以进行多种形式的物理加工和形态的转化，此外，冰雪还具有一定的冷藏功能。

2.1.2 冰雪资源的开发及冰雪文化的发展

寒地文化是生活在寒冷地区的人类，为了求得生存和发展，在同寒冷的气候环境条件斗争中，逐渐创造的"生存式样"系统，是一种地域性的文化。就目前来看，冰雪文化主要包括冰雪科学、冰雪艺术、冰雪运动、冰雪旅游、冰雪经贸、冰雪饮食、冰雪商品等。人类对冰雪资源的开发是因生产、生活的需要而展开的。

（1）简单实用的资源开发时期——17世纪以前

随着人类向寒冷地区的挺进，以及地球气候的变化，人类逐渐学会了与冰雪打交道的简单方法及手段，并将其不断发展、完善。人类对冰雪资源的开发是典型的一般意义的资源开发。人类最初对冰雪资源的开发是从生产及生活两个方面展开的。一是利用冰雪资源生产淡水服务于生产、生活，如灌溉草原、农田以及饮用。最初人类是利用夏季气候变化提供的融冰雪水，开始对冰雪资源的开发利用的。此后逐渐学会了施以简单的人工影响以促进冰雪融化，掌握了许多融冰、化雪的方法，如在冰雪表面撒黑土等。二是利用冰雪提供的条件，借助于一定的设施、工具从事冰上、雪上交通运输。生活在中国黑龙江地区的赫哲人，在元朝时期就开始利用狗拉爬犁作为冰雪季节的交通工具，此后又发展成为东北地区尤其是边疆地区传递公文、散发口粮的运输工具。三是利用冰雪为材料，建筑临时或长期性住屋。居住在北美洲格陵兰和加拿大北部的因纽特人自古就有建筑雪屋的传统。在多雪的日本北部山区的居民，自古也有在深雪中挖洞的习惯。中国东北的鄂伦春族在冬季外出打猎挖雪屋过夜的做法也有较长的历史。

（2）实用性资源开发与单元文化开发同步发展时期——17世纪至20世纪中叶

在对冰雪资源进行实用性开发的同时，对冰雪的文化开发也逐步发展起来。其主要标志是冰雪运动的产生以及冰雪艺术的出现。冰雪运动的产生、发展与冰雪交通运输的发展是密不可分的，它是在冰雪交通运输获得一定发展的基础上，逐步从冰雪交通运输中分离出来并发展起来的。最早开展的冰雪运动是滑冰及滑雪。滑冰运动正式形成于17世纪初，滑雪运动正式形成于17世纪中叶。18世纪初，滑冰运动在欧洲、美洲全面展开，19世纪末成为国际性的体育比赛项目，滑雪运动也在19世纪通过中欧传到世界各地。与此同时，作为对冰雪资源进行文化开发的另一种形式，冰雪艺术也开始有了萌芽，即在生产、生活实践中创造出了具有民间艺术性质的简单冰雪艺术，如用水作原料，用桶、盆等器皿，将水冻成空心的冰罩，制成冰罩灯或用雪堆成雪人、雪像等。

（3）多元文化开发综合协调发展时期——20世纪中叶以后

进入20世纪以后，一方面实用性的资源开发从传统性的开发向现代开发转变，如利用天然冰发展制冰工业，直接采集天然冰，用于生产及生活，世界上一些离冰川很近的国家及城市就从冰川上直接采集天然冰；另一方面对冰雪资源的文化开发逐步向纵深方向发展，冰雪运动及冰雪艺术成为对冰雪资源进行文化开发的两个主要形式。进入20世纪中叶以后，在冰雪运动、冰雪艺术发展的推动下，冰雪旅游逐步发展起来。与此同时，冰雪饮食、冰雪商品也发展起来。对冰雪资源的文化开展，在冰雪资源的开发中，已被提到相当的高度，放在核心地位。在这一开发观念、开发思想转变的推动下，国际冰雪文化蓬勃发展，进入20世纪80年代以后更以崭新的姿态，以势不可挡之势席卷地球寒冷地区。许多地区还将冰雪资源的文化开发建设同地域特色文化的发展结合起来，形成世界性的冰雪资源的多元文化开发全面推进、综合协调发展的大好局面。最突出的标志是，世界上寒冷地域的许多地区相继创立了以冰雪文化为核心内容的节日。如以"雪都"著称的加拿大北部的古城魁北克，每年2月上旬都要举行为期10天的狂欢节、雪雕及冰雪运动，游乐是狂欢节的主体内容。日本北海道地区会举行各种形式的冰雪庆典活动，其中以北海道首府札幌市的"雪节"最为著名。最有代表性的是加拿大的首都渥太华在每年的 2 月上旬,举办为期 10 天的"冬令节",冰雕及冰雪体育活动是冬令节的重要活动内容。中国哈尔滨的大型现代冰雕艺术活动已有 30 多年历史,于 1985 年创立了"冰雪节",从每年的 1 月 5 日开始,举行为期 1 个月的以冰灯、冰雕、冰雪体育活动为主要内容的庆祝活动。对冰雪资源的实用开发稳步进行、多元文化开发全面展开和全方位推进,是这一时期冰雪资源开发的基本特征。伴随着对冰雪资源的开发方向、形式、内容及开发战略的转变,冰雪文化有了更加深入的发展。一个以冰雪科学、冰雪运动、冰雪艺术、冰雪旅游、冰雪饮食、冰雪商品为基本内容的冰雪大文化已基本确立并日益发展、完善。

(4)世界冰雪资源开发与冰雪文化发展基本趋势

冰雪资源的开发从实用性开发向文化开发转变,冰雪文化也从单元文化向多元的冰雪大文化方向发展,形成冰雪资源开发、冰雪文化建设与地区经济同步协调发展局面。

冰雪资源开发的群众参与程度加强,冰雪文化普及程度大大提高。除了传统的冰雪自然科学有了较大的发展外,冰雪的社会学、文化学、经济学研究已全面展开。与此同时,有关的研究机构及组织相继成立,并举行了学术研讨活动。

2.1.3 黑龙江省冰雪旅游资源概述

冰雪、森林和海洋是未来旅游业发展的三大最为核心的生态资源。2016 年 3 月,习近平总书记参加十二届全国人大四次会议黑龙江代表团审议时指出,绿水青山是金山银山,黑龙江的冰天雪地也是金山银山。这是对践行"创新、协调、绿色、开放、共享"五大发展理念的重要解读,这段话不仅道出了黑龙江省冰雪资源的重要性及其价值,同时也指明了将冰雪资源优势转化为经济发展优势的新方向。纵观当今我国冰雪产业格局,黑龙江省省会哈尔滨市的冰雪旅游产业首屈一指,具有领先优势,且哈尔滨市的冰雪旅游产业在国内外已具有一定的影响力和知名度。而地理空间分布严重不均衡、经营与受益主体单一、民间资本投入不足、市场营销滞后等问题制约该区域冰雪旅游产业的持续发展。研究"冰天雪地"向"金山银山"转化的创新路径,进一步优化开发哈尔滨市冰雪旅游资源转变旅游经济发展方式,对全面建成小康社会的进程中当地社会经济发展实现后发赶超有重要的作用和意义。

冰雪旅游最早起源于冰雪运动,以滑冰和滑雪见长。从 20 世纪 80 年代开始,伴随着冰雪运动的发展,冰雪旅游逐步发展起来。当前,冰雪旅游的形式不再局限于以往的冰雪运动和冬季冰雪主题度假,还延伸和演化发展出围绕冰雪为主题的节庆活动、冰雕雪雕观赏项目等内容。总体而言,国外对于冰雪旅游内涵研究较少,一般将滑雪休闲运动等同于冰雪旅游来看待,并把冰雪旅游归并到自然旅游的范畴。我国学者把冰雪旅游概括为由冰雪景观及与冰雪相关的其他组合景观为基础而开发的各类旅游项目和活动形式的总称,将冰雪旅游归类为新型旅游产品,主要用来满足游客的健康娱乐需求。

由此可见,国内冰雪旅游的内涵研究涵盖面相对国外更为宽泛。在此将冰雪旅游定义为"以冰雪景观为旅游资源开发的物质基础,依托冰雪资源所形成的独特气候条件,以冰雪节庆活动、冰雪景观欣赏、冰雪运动项目等为主要外在形式,以冰雪文化为内涵,具有较强参与性、体验性和刺激性,并能满足旅游者休闲度假、体育运动、冰雪观光等需求的综合性旅游产品"。世界著名的冰雪旅游胜地主要集中在北欧和北美,如美国特勒里德、瑞士的圣莫里茨、加拿大的惠斯勒等。我国冰雪旅游开发地主要在东北三省,其中黑龙江省最具优势,是开发最早及发展最迅速的省份,其省会哈尔滨市已成为许多中外游客冬季旅游的首选目的地,是我国最具代表性的冰雪旅游城市,主要的冰雪旅游产品有黑龙江国际滑雪节、太阳岛冰雪大世界、哈尔滨国际冰雪节、兆麟公园冰灯游园会、亚布力滑雪场等。旅游资源是旅游活动开展的核心和基础,有学者将冰雪景观归类于气候气象旅游资源,另有学者认为冰雪是水体的固态形式,将其归到水域风光旅游资源的范畴。从旅游资源的吸引力特性和效益原则角度,冰雪旅游资源定义为凡是能激发旅游者的旅游动机,吸引旅游者参与冰雪旅游活动,能为冰雪旅游业所利用,并且由此实现旅游经济效益、社会效益和生态效益相统一的所有自然和人文因素。自然因素主要有:高山冰川(如贡嘎山海螺沟的冰川景观)、江河结冰封冻解冻(如黑龙江、松花江江面冰封和开江景观)、雪景(如黑龙江林海雪原、雪乡的冬季雪景)、雾凇和树挂(如松花江畔夜观雾、晨观挂、午后赏落花的景观)等;人文因素主要是指生活在拥有丰富冰雪资源地带的人类及与他们在冰雪季节的生活相适应的人文风情、风物特产、风俗习惯、冰雪节庆活动和艺术形式等。具体来讲,可从冰资源和雪资源两个部分来直观表述冰雪旅游资源,利用冰资源可以开展观冰灯、赏冰雕、冰上体育运动、冰上娱乐活动等项目,让游客沉浸在晶莹剔透的冰世界中;利用雪资源可以开展赏雪景、滑雪、雪雕艺术展、雪地赛事等旅游项目,让游客可以充分体验童话般的雪王国。无论是冰资源,还是雪资源,都可以进行充分利用开展成为一系列参与性强的旅游活动。

众所周知,只有在一定的极端温度下才可形成优质的冰雪,因此,冰雪旅游资源具有明显的地域性、显著的季节性、有限的可再生性的特点。换句话说,冰雪还是一项较为稀缺的旅游资源,冰雪旅游活动的开展可为人类社会带来良好的经济效益、文化效益和生态效益。

2.1.4 黑龙江省发展冰雪旅游产业的现实意义及规划

历史上,黑龙江冰雪丝绸之路繁荣了几千年。这条冰雪丝绸之路依江而设,蜿蜒曲折数千里,直通今天的库页岛。之所以称之为冰雪丝绸之路,是因为黑龙江地区每年有6个月左右的冰封期,无论是从黑龙江地区向中原朝贡,还是中原历代王朝的赏赉,无论是走旱路、走水路的商贸,还是官民兵学各类人员的往来,都会有半年的冰雪路面,而中原的赏赉及商品以丝绸为大宗。

黑龙江冰雪丝绸之路是我国东北边疆与中原通道的最东北段。由于年代久远,时代变迁,这条连接东北与内地的古老通道早已鲜为人知,许多历史事件也被淹没在浩瀚的典籍之中。但几千年来,它承载着松花江、黑龙江流域悠远而漫长的历史,记录着跌宕起伏、影响深远、引起转折甚至巨变的历史事件。它告诉我们,几千年来,黑龙江冰雪丝绸之路一直将东北边疆与中原内地连接在一起。据《竹书纪年》《大戴礼记》《史记》等古籍记载,黑龙江古代先民肃慎人于公元前2249年开辟的以贡赏贸易为主的黑龙江冰雪丝绸之路,至今已有4270多年的历史,《黑龙江省志·大事记》对这段历史的记载就更为详细。

黑龙江冰雪丝绸之路的形成是漫长而久远的,经过了多次变迁。古往今来,这条自中原向东北,由东北向西南的漫漫古道,横贯整个东北大地,沿着悠远东流的松花江扶摇而下,连接黑龙江中、下游,直通黑龙江东北端入海口的鄂霍次克海,再上库叶岛的神奇之路,成为连接中原与东北边疆的桥梁和纽带。千百年来,我国东北边疆的少数民族与中原的历代王朝,就是通过这条交通线实现沟通联络、朝贡赏赉、商务交往、互通有无的。

黑龙江冰雪丝绸之路不仅在中原与东北边疆各民族之间的联系沟通、文化交流方面,促进边疆稳定与繁荣民族经济方面,促使人民安居乐业与推动文明进步以及行使中央对地方的管辖权等方面起到了很大的作用,而且在清代抗击外寇侵略时发挥了巨大作用。清代的雅克萨自卫反击战、运兵、调遣、辎重转移、侦察、传递情报、布防等许多军情事务,都是靠黑龙江冰雪丝绸之路完成的。依兰的巴彦通抗俄要塞,就是清代抗俄防御要塞址。清政府在依兰靖边营东北 1.5 km 的松花江畔,修筑巴彦通炮台 1 座,安钢炮 5 门,炮台两侧设有大小火药库 6 座,兵房 10 间。同年,在松花江与巴彦通之间,安设拦江大铁索,右岸台地设护江关。

国家发展和改革委员会(简称发改委)确定的中蒙俄经济走廊有两条,一是从华北京津冀到呼和浩特,再到蒙古和俄罗斯;二是东北地区从大连、沈阳、长春、哈尔滨到满洲里和俄罗斯的赤塔。两条走廊互动互补形成一个新的开放开发经济带,统称为中蒙俄经济走廊。建设中蒙俄经济走廊的关键,是把丝绸之路经济带同俄罗斯跨欧亚大铁路、蒙古国草原之路倡议进行对接;加强铁路、公路等互联互通建设,推进通关和运输便利化,促进过境运输合作,研究三方跨境输电网建设,开展旅游、智库、媒体、环保、减灾救灾等领域务实合作。《黑龙江省全域旅游发展总体规划(2020—2030 年)》中提出,旅游是发展经济、增加就业的有效手段,也是提高人民生活水平的重要产业。拓展黑龙江省文化、自然和气候的四季旅游体验,巩固黑龙江省作为中国冰雪旅游目的地的领先地位,将黑龙江省打造成为国际冰雪旅游度假胜地、中国生态康养旅游目的地、中国自驾和户外运动旅游目的地。

黑龙江省是中国最早开发冰雪、运营冰雪的省份,是中国现代冰雪旅游产业的肇兴之地。作为中国冰雪旅游资源、冰雪运动和冰雪旅游品牌第一大省,经过多年的发展,黑龙江省冰雪旅游产业取得了令人瞩目的成绩。然而,近年随着多省市冰雪旅游产业的全面兴起,黑龙江省冰雪旅游面临着新的发展形势。

2022 年北京冬奥会的申办使得国内冰雪旅游受到热捧,冰雪旅游的市场规模快速扩大。在冰雪旅游发展的新形势下,黑龙江省须立足实际,通过规划引领、项目带动,充分发挥固有冰天雪地的自然资源优势,促进冰雪旅游与工业、体育和其他产业融合,实现创新发展、绿色发展、协同发展;大力发展冰雪经济,使之成为黑龙江省经济发展的内生动力,带动提升黑龙江省整体旅游经济实力,建设冰雪经济强省和全国首选冰雪旅游目的地。

为推动冰雪旅游高质量发展、加快旅游强省建设,黑龙江省文化和旅游厅于 2019 年初委托联合国世界旅游组织编制《黑龙江省冰雪旅游产业发展规划(2020—2030 年)》(以下简称《规划》)。《规划》借鉴吸收国际先进发展理念和经验,对黑龙江省未来 10 年冰雪旅游的发展愿景、目标、战略、实施内容进行了系统规划。

《规划》首先指出黑龙江省冰雪旅游的发展基础与面临形势。黑龙江省冰雪期长的冰雪旅游气候资源总体优势明显。雪、冰、雾凇三大冰雪旅游资源密集于"哈亚牡"(哈尔滨、亚布力、牡丹江)地区、大兴安岭地区、小兴安岭地区、松嫩平原地区、三江平原地区;2019 年,全省接待国内外冰雪旅游游客 6600 万人次,实现冰雪旅游收入 660 亿元;截至 2019 年,全省开展冬季旅游的 A 级旅游景区 264 家,其中 5A 级旅游景区 6 家、4A 级旅游景区 72 家;S 级旅游滑雪场 27 家,其中 5S 级 4 家、4S 级 4 家;黑龙江省以世界规模最大的冰雪节、冰雪主题公园、雪雕艺术群和室内滑雪场等为代表的品牌冰雪娱乐旅游产品而具世界级影响力;以亚布力旅游度假区为代表的冰雪旅游度假产品日趋丰富;中国雪乡、北极村等冰雪文化体验旅游产品独具魅力;冰雪风景旅游逐步兴起。黑龙江省拥有发展冰雪旅游的最佳气候,多样化的自然景观也为发展四季旅游产品提供了良好的基础,作为国内标志性冰雪旅游产品——哈尔滨冰雪节庆、中国雪乡、北极村等旅游景区、景点已经拥有一定的游客量和知名度。随着北京 2022 年冬奥会的举办必将进一步释放国内冰雪旅游市场需求潜力。但黑龙江省冰雪旅游依然存在现有冰雪景点季节性明显,年入住率较低;户外运动、冬季体育运动及体验型产品不丰富;冰雪旅游装备产业发展不足,竞争力不强;缺乏冰雪旅游旗舰型景点和重要的基础设施(例如山区救援系统),冰雪旅游发展的重点和组织性不强等突出问题。同时,在新形势下,还面临其他省份在冰雪旅游方面的竞争(如吉林省等)。

《规划》对黑龙江省冰雪旅游提出了发展定位及目标。巩固黑龙江省作为中国冰雪旅游目的地的领先地位,将黑龙江省打造为国际冰雪旅游度假胜地;着力培育新型冰雪旅游产品,提高黑龙江省冰雪旅游体验性、参与性、娱乐性,推动冰雪运动普及,延伸冰雪旅游产业链条,促进中医药健康体验等新业态与冰雪旅游产业融合发展,构建结构合理、发展协调、相关产业融合的冰雪旅游产业体系,进一步提高黑龙江省冰雪旅游核心竞争力。到 2030 年,力争全省冰雪旅游人数突破 2 亿人次,冰雪旅游收入突破 2000 亿元。着力打造 5 个符合国际游客需求的四季旅游目的地;建成 5 个全年运营的冰雪旅游旗舰景区;成为能够向游客提供全谱系冰雪旅游产品的省份;具有国际吸引力的冰雪旅游线路覆盖全省全域,形成全省全域冰雪旅游产品;全省积极参加冬季体育活动的居民(省内)人数显著增加;建设中国冰雪旅游产业中心。

《规划》提出优先发展三大冰雪旅游支柱产品,实施八大冰雪旅游提升战略。基于市场需求、资源特色和同类型旅游产品的竞争分析,黑龙江省冰雪旅游产业的重点发展方向是冬季户外运动、旗舰冰雪景点、冰雪节庆三大冰雪旅游支柱产品;打造冰雪旅游必到必游点(15 个):冰雪大世界、太阳岛雪博会、亚布力滑雪旅游度假区、中国雪乡旅游区、五大连池旅游区、镜泊湖旅游区、北极村景区、哈尔滨冰雪嘉年华、极地馆、融创乐园、伏尔加庄园、中央欧陆风情旅游区、凤凰山国家森林公园、扎龙生态旅游区、黑瞎子岛旅游区等。实施八大冰雪旅游提升战略:①促进传统冰雪旅游目的地转型升级,促进亚布力旅游度假区、雪城牡丹江、北极村旅游区等传统旅游目的地的转型升级。②发展特色新冰雪旅游目的地。加强黑龙江省气候旅游资源开发,结合户外运动和冰雪运动,在景色优美、交通便利、地形地貌合理的地方打造设施完备的新冰雪旅游目的地,增加对游客有吸引力且可供过夜的新冰雪旅游目的地数量,发展黑河市、五大连池、镜泊湖等重点旅游区的冰雪旅游产品。③推出新兴冰雪旅游产品及项目。鼓励对冰雪旅游产品(景点)的投资,开展旅游气候评价分析,开发与冰雪相关新型旅游产品。促进龙江医派的中医药养生理念与冰雪旅游项目结合,开发依托龙江特色中医药的旅游产品。加强对旅游景区、品牌线路气象监测、预报、预警基础设施建设,提高旅游气象服务保障能力。④构建冰雪旅游品牌线路。建设中国一号冰雪旅游路线、黑龙江省冰火主题体验旅游路线,每个城市发展冰雪旅游线路等以有利于冰雪旅游消费。⑤扩大各地冬季体育活动群众基础。在每个地级市发展至少一个冬季体育活动中心;在新冰雪旅游目的地为儿童/初学者设立冬季运动日/营地;鼓励开展以冰雪运动为主题的冬令营活动和体育赛事。⑥提高潜在客源市场对黑龙江省冰雪旅游产品的品牌认知。实施目标市场冰雪旅游营销活动;发展冰雪旅游媒体和娱乐节目;与黑龙江省内外知名企业合作并宣传黑龙江省冰雪旅游。⑦增加冰雪旅游相关的纪念品(衍生品)品类和数量。创新开发黑龙江系列冰雪旅游纪念品;发展黑龙江冰雪旅游主题商店。⑧建设中国冰雪旅游产业中心。把黑龙江省打造成为中国冰雪旅游体验、教育、培训及冰雪装备制造等产业基地。

2.2 黑龙江省冬季冰雪资源特征

黑龙江省位于我国东北部,地处高纬度、我国最东部,南北跨10个纬度、东西跨14个经度,3个湿润区,由于纬度高,距冷空气发源地较近,经常受到冷空气影响,所以在初春、秋末和冬季,降雪就变成了主要的降水形式。黑龙江省为中温带大陆到寒温带大陆性季风气候,冬季漫长,温度最低,寒冷干燥,夏季气候温润,降水集中。在冬季降雪方面,全省普遍降雪,暴雪日数较多的城市有鸡西、鹤岗、新林等。联合国政府间气候变化专门委员会(IPCC)第五次报告指出,20世纪以来,气候变暖非常显著。随着全球地表温度的日趋增高,两极地区的冰川和高原上的积雪将融化,这必将对周围大气中平均水汽含量有着重要的影响。

根据黑龙江省地方标准——《旅游气候季节划分》编制说明文件,该文件研究利用30年(1989—2018年)黑龙江省74个国家站的旬、候平均气温和降水量资料,2013—2018年松花江哈尔滨段的开江和封江日期,黑龙江省四季雨雪相态转换、降水量的突增、突减等气象资料以及二十四节气和物候变化景象,对黑龙江省的四季进行本地化划分,得出了黑龙江省的四季划分精细标准。《旅游气候季节划分》标准文件规定了黑龙江省旅游气候季节的划分,适用于旅游公众气象服务。

为更好地分析黑龙江省冬季冰雪旅游资源特征,本书以该地方标准所划分的季节为主,即初冬为5日滑动平均气温<6 ℃且≥-10 ℃,隆冬为5日滑动平均气温<-10 ℃,末冬为5日滑动平均气温≥-10 ℃且<6 ℃。故而冬季开始气温条件为5日滑动平均气温<6 ℃且≥-10 ℃,冬季结束气温条件为5日滑动平均气温≥6 ℃且<10 ℃。

统计常年(1991—2020年)黑龙江省各地市气温资料,按照地方标准划分的黑龙江省各地市四季开始日期(表1.1)可知,黑龙江省大部地区冬季为10月—次年4月。

2.2.1 降水量特征

图2.1为黑龙江省80个台站1991—2020年的累年冬季平均降雪量空间分布图[①],从中可以看出,降雪量整体呈现东多西少的空间分布特征。具体表现为,鸡西、双鸭山东部、佳木斯东北部降雪量最大,哈尔滨、牡丹江、伊春、佳木斯、双鸭山次之,齐齐哈尔西部、大庆降雪量最少。年平均降雪量最大的地区为鸡西地区的虎林市,冬季年平均降雪量超过50 mm,饶河、抚远、绥芬河、尚志、双鸭山、方正冬季年平均降雪量超过40 mm,最小的地区为齐齐哈尔地区泰来县、松嫩平原中部的肇源和杜尔伯特,年平均降雪量为17 mm左右。

从降水成因来看,黑龙江省的大气降水类型是多种多样的,既有锋面降水,又有地形、对流等因素形成的降水,但是大气降水主要来源是夏季风,锋面降水是重要的类型,夏季海洋暖湿气流形成的锋面常常带来丰沛的降水,与冬季干冷空气影响下降水稀少形成鲜明对照,冬季

---

① 因行政区划原因,加格达奇位于内蒙古自治区界内,不属于黑龙江省管辖,但是,加格达奇却是黑龙江省大兴安岭地区的区政府所在地,无论是天气预报还是旅游地推介,加格达奇都是作为黑龙江省十三地市之一包含在其中。因此,黑龙江省地图中往往会涵盖黑龙江省行政省界之外的、包含加格达奇在内的一部分区域。特此说明。

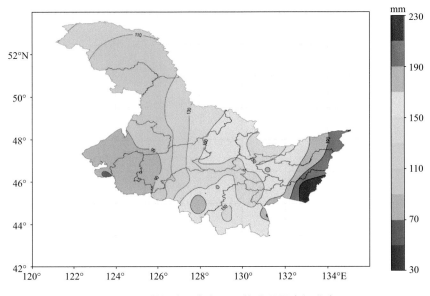

图 2.1　黑龙江省累年冬季平均降雪量空间分布

3 个月降水量一般只有不足 20 mm,仅占全年降水总量的 4% 左右,由于冬夏气压场变更而形成的季风环流对降水时间分配的显著影响,直接造成了冬季与夏季降水量的巨大差异,成为影响降水的重要因素。黑龙江省地处欧亚大陆东部,北靠世界极寒所在地西伯利亚东部,是我国最北省份,气候类型为大陆性季风气候,冬季受新地岛、巴伦支海等地的冷空气影响,结合西北太平洋的偏东水汽输送,可能导致大范围暴雪灾害的发生。

　　图 2.2 为黑龙江省累年冬季逐月降雪量时间分布图。入冬后,黑龙江省 10 月各站平均降雪量最多,为 27.2 mm,11 月开始至次年 2 月降雪量数值呈下降趋势,表现为 11 月降雪量 12.7 mm、12 月 7.8 mm、1 月 4.7 mm、2 月 4.4 mm,3 月开始降雪增多至 10.8 mm,4 月持续增加至 22.8 mm。黑龙江省冬季各月累年降雪量空间上呈现西少东多的特征(图 2.3)。10 月黑龙江省整体降雪量偏多,其中以虎林降雪量最大,可达 47.7 mm,饶河、绥芬河次之,泰来降雪量最小,为 13.1 mm;11 月降雪量整体减少,但降雪大值区自东部向东南部扩大,鸡西、牡丹江、哈尔滨南部有降雪大值中心;12 月仅鸡西东部、伊春北部、哈尔滨南部有较大降雪;1—2 月降雪量偏小,大值中心集中在黑龙江省东北部地区,但哈尔滨南部、牡丹江东南部也有大值中心分布;3—4 月降雪增多,大值中心位于以中南部、东部地区。

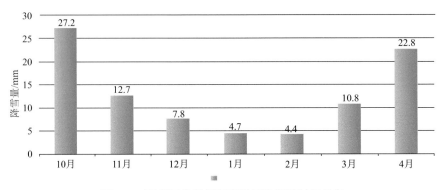

图 2.2　黑龙江省累年冬季逐月降雪量时间分布

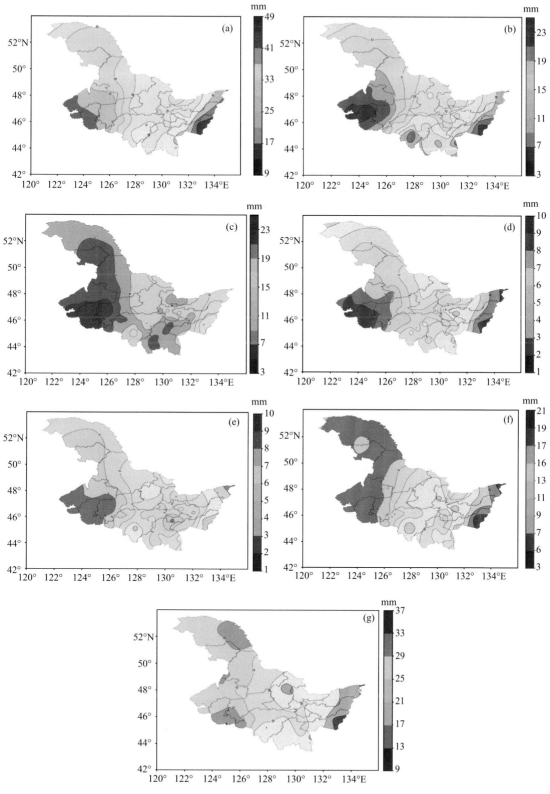

图 2.3 黑龙江省累年冬季逐月降水量空间分布

(a)10 月；(b)11 月；(c)12 月；(d)1 月；(e)2 月；(f)3 月；(g)4 月

黑龙江省地域辽阔,纬度跨度较大,10月虽已进入初冬时节,但部分地区气温仍为0℃以上,全省各地降水相态较为复杂,多以雨夹雪或雨为主,但11月起至次年3月全省各地气温均为0℃以下,降水相态转为雪,4月各地气温回升,降水相态转向雨夹雪或雨,故统计黑龙江省降雪日数时,选择11月至次年3月时段,该时段内黑龙江省各地降水相态均以雪为主。黑龙江省小雪(图2.5)整体日数最多,空间分布(图2.4a)特征为自北向南逐渐减少,北部、东部偏多,西部、南部日数偏少,小雪日数最大值中心位于伊春五营地区,常年平均小雪日数为39.4天,次大值中心位于大兴安岭北部,呼中、漠河两站平均小雪日数分别为35.1天和34天,西部、南部小雪日数偏少,大庆市杜尔伯特平均小雪日数为12.2天,牡丹江东宁为11.3天;中雪(图2.4b)日数空间分布特征与小雪相似,北部、中东部和东部地区中雪出现日数较多,最大值中心位于伊春嘉荫地区,常年冬季平均中雪日数为4.3天,漠河为次大值中心,平均中雪日数达4天,小值中心位于黑龙江省西部和南部地区,其中泰来平均中雪日数为1.1天,牡丹江绥芬河平均中雪日数为1.2天;大雪(图2.4c)日数空间分布主要呈东部、南部偏多,西部、北部偏少,最大值中心位于哈尔滨尚志地区,平均日数为3.1天,次大值中心为鸡西虎林,平均大雪日数为2.7天,最小值中心位于杜尔伯特地区,常年平均大雪日数为0.2天;暴雪(图2.4d)日数空间分布特征为东南多、西北少,其中日数最大值中心位于鸡西虎林,常年平均暴雪日数为1.1天,次大值中心位于佳木斯抚远,平均暴雪日数为1天,五大连池、呼玛、拜泉、加格达奇、漠河、嫩江、明水、安达、呼中、杜尔伯特无暴雪日数;大暴雪及特大暴雪(图2.4e、图2.4f)日数空间分布与暴雪相同,主要大值中心位于黑龙江省东部地区,集中在牡丹江绥芬河、鸡西虎林、鸡东等地。可以看出,降雪日数的多寡与地形特征和纬度位置关系密切。

冬半年降雪量是自西向东增加的,较大降雪过程的频次也是自西向东增加的,但降雪量最大值中心并不与较大降雪过程频次最高区相重合。冬半年降雪量在全年降水量中所占比例很小,这是东亚季风的作用和温湿条件极差所造成的。另外,南北风频率之比和温湿条件的年际变化也直接影响降雪量的年际变化。

2.2.2　气温条件分析

图2.6a为黑龙江省常年冬季(10月—次年4月)月平均气温空间分布,可以看出温度自北向南逐渐升高,整体呈现东北低西南高的空间分布特征。具体表现为,漠河、呼中两站冬季月平均气温达−15℃以下,11站平均气温为−10℃以下,牡丹江东宁地区月平均气温最高为−3℃。月平均最低气温空间分布(图2.6b)与平均气温空间分布相一致,即北部气温较低,南部气温较高,其中,漠河国家气象站冬季月份平均最低气温为−23.4℃,为全省最低,牡丹江东宁站冬季月份平均最低气温为−8.4℃,为全省最高。月平均最高气温空间分布(图2.6c)特征与平均气温及最低气温一致,冬季月份平均最高气温的极小值中心所在站点为漠河站,温度为−6.3℃,极大值中心为牡丹江东宁,最高温数值可达3.3℃。

黑龙江省位于亚欧大陆东部,东面邻近太平洋,这种海陆分布状况所产生的巨大热力差异,形成了强大的季风气压场,隔断了北半球低空大气层行星带的分布,代之以海陆之间有规律的季节性大气交换。因此,这种海陆间巨大的热力差异,是形成亚洲东部强大季风环流系统的最根本原因。冬季亚洲大陆是大气的冷源,形成了蒙古高压,太平洋是大气的热源,在太平洋北部形成了阿留申低压,这两个庞大的气候系统直接影响亚洲东部冬季气

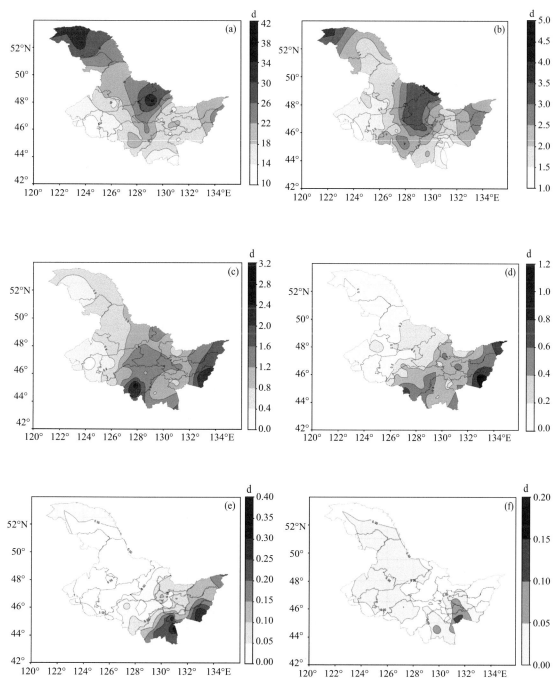

图 2.4 黑龙江省冬季降雪年平均日数空间分布

(a)小雪；(b)中雪；(c)大雪；(d)暴雪；(e)大暴雪；(f)特大暴雪

候的形成。势力强劲的蒙古高压是一个巨大的大陆反气旋中心，整个东亚地区完全处在它的控制之下，空气从大陆流向海洋，形成强盛的冬季风。黑龙江省处在蒙古高压和阿留申低压两大气压中心之间，在大陆反气旋控制下，盛行偏西风，受下垫面影响，这种来自大陆内部的气流寒冷干燥,加剧了空气降温,使得冬季气候严寒,降水稀少,黑龙江省1月平均气温比欧美同纬度地区都要低,不能不认为是冬季风加剧气温降低的结果。由于邻近冬季风源地,所以黑龙江省受寒冷冬季风的影响,比远离冬季风源地的其他省区要大得多,这样,由纬度因素所造成的冬季南北温差就进一步得到了强化。

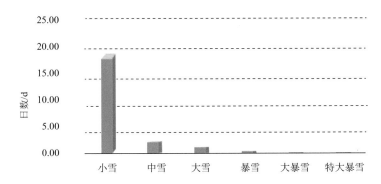

图2.5 黑龙江省冬季各降雪等级平均日数分布

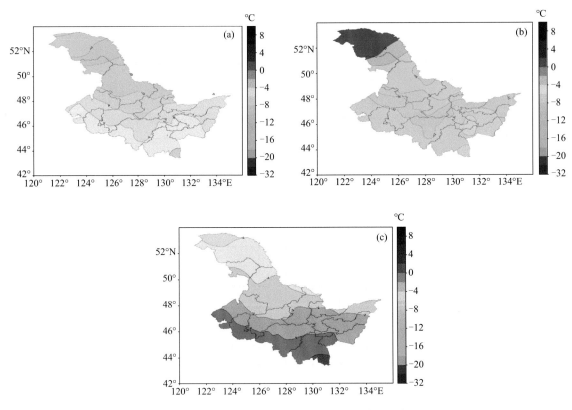

图2.6 黑龙江省常年冬季月平均气温空间分布

(a)平均气温;(b)最低气温;(c)最高气温

图 2.7 为黑龙江省常年冬季逐月平均气温时间分布。入冬后,黑龙江省平均气温呈先降温后升温的趋势,10月全省平均气温为 5 ℃,最低气温 −0.4 ℃,最高气温 11.1 ℃;11月平均气温降至 0 ℃ 以下,为 −7.2 ℃,最低气温 −11.9 ℃,最高气温 −1.8 ℃;12月平均气温降至 −17.2 ℃,最低气温 −21.9 ℃,最高气温 −11.8 ℃;1月平均气温降至最低,为 −19.4 ℃,最低气温 −24.5 ℃,最高气温 −13.2 ℃;2月起气温稳步回升,平均气温为 −14.4 ℃,最低气温 −20.6 ℃,最高气温 −7.5 ℃;3月气温回升 10 ℃ 左右,平均气温为 −4.8 ℃,最低气温升至 −10.9 ℃,最高气温 1.5 ℃;4月气温升至 0 ℃ 以上,平均气温为 6 ℃,最低气温 −0.3 ℃,最高气温已升至 12.3 ℃。

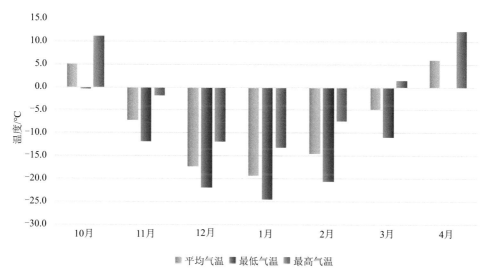

图 2.7　黑龙江省常年冬季逐月平均气温时间分布

图 2.8 为黑龙江省常年冬季逐月平均气温空间分布,10月(图 2.8a)仅漠河、呼中、新林、塔河 4 站气温在 0 ℃ 以下,最低漠河站 −2.6 ℃,牡丹江东宁站平均气温最高为 8 ℃;11月(图 2.8b)有 13 个站平均气温低于 −10 ℃,最低温为漠河站 −17.4 ℃,牡丹江东宁站平均气温最高为 −2.5 ℃;12月(图 2.8c)黑龙江省有 15 个站点平均气温低于 −20 ℃,漠河平均气温为 −27.1 ℃,东宁站平均气温为 −11.1 ℃;1月(图 2.8d)气温最低,28 个站点平均气温低于 −20 ℃,漠河站平均气温为 −27.9 ℃,东宁站为 −13.2 ℃;2月(图 2.8e)起气温逐渐回升,仅有 4 个站点平均温度低于 −20 ℃;3月(图 2.8f)黑龙江省 4 个站点平均温度低于 −10 ℃;4月(图 2.8g)温度为冬季月份最高温,漠河为 0.8 ℃,泰来气温最高为 8 ℃。

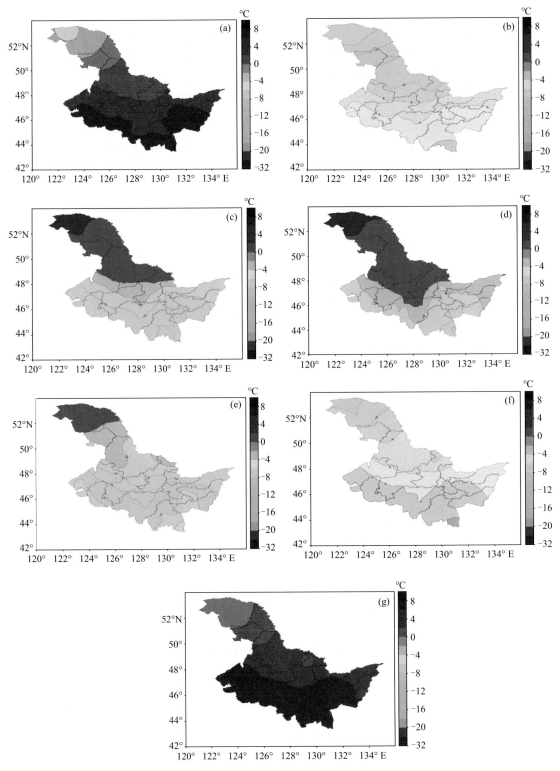

图 2.8　黑龙江省常年冬季逐月平均气温空间分布

(a)10 月；(b)11 月；(c)12 月；(d)1 月；(e)2 月；(f)3 月；(g)4 月

2.3 黑龙江省开展冬季特色旅游优势评估

2.3.1 黑龙江省冰雪资源地理优势

黑龙江省地势复杂多样(图2.9),大体为北部和东南部高,东部和西南部低。西北部为大兴安岭山地,北部为小兴安岭山地,东南部是由长白山脉的张广才岭、老爷岭、太平岭和完达山组成的山地,东部为三江平原,西南部是松嫩平原。山地丘陵海拔在300~1500 m,平原区海拔大部分在50~250 m。大兴安岭山地位于黑龙江省北部,属于大兴安岭山脉的北段,境内面积约为11万 km²。整个山地地势北高南低,东陡西缓,山势向东急剧过渡到松嫩平原,向西逐渐过渡到内蒙古高原。整个山势较缓和,山顶平坦,高差幅度小,平均海拔500~700 m。伊勒呼里山主峰大白山海拔1528 m。小兴安岭山地位于黑龙江省北部,其北部与大兴安岭相接。山势和缓,北低南高,东陡西缓,海拔在500~1000 m,主峰平顶山海拔1420 m。东南部山地面积约7万 km²,属于长白山系的北延部分,主要由张广才岭、老爷岭、太平岭和完达山组成,整个地势为中山地貌,海拔600~1100 m,以中部的张广才岭为最高,主峰大秃顶子海拔1680 m,是黑龙江省内最高峰。三江平原是由黑龙江、松花江、乌苏里江三条江河不断迁徙、泛滥所冲积而成的平原。西起小兴安岭,东达乌苏里江,北迄黑龙江,南抵兴凯湖,面积约4.6万 km²。三江平原地势较为低平,平均海拔50~60 m。平原上零星分布着孤山和残丘,海拔多在500 m以下。河漫滩极为宽阔,是冲积平原主体的重要组成部分。

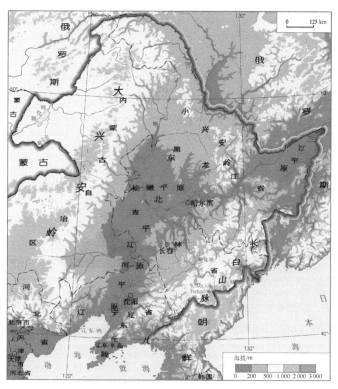

图 2.9　黑龙江省地形图

黑龙江省水系发达,河流纵横,湖泊遍布。流域在 50 km² 以上的河流有 1018 条,其中流域在 1 万 km² 以上的就有 18 条。主要河流有:黑龙江、松花江、乌苏里江、嫩江、牡丹江、呼玛河、额木尔河、塔河等。黑龙江是一条流经中、俄、蒙三国的国际河流,也是我国第三大河流,流域面积达 180 万 km²。松花江是黑龙江第一大支流,嫩江是松花江最大的支流。

黑龙江省主要湖泊有:兴凯湖、镜泊湖、五大连池、连环湖、向阳湖等。兴凯湖位于密山市东南部中俄边境上,总面积约为 4380 km²。镜泊湖位于宁安市西南,面积 92.5 km²,是我国最大的火山熔岩堰塞湖。

黑龙江省四季分明,属于东北亚高纬度的寒温带、温带地区,为湿润、半湿润季风气候,冬季寒冷漫长而夏季短促,西北端甚至没有夏天,1 月份平均气温 -32～-17 ℃,7 月平均气温 10～23 ℃,全年无霜期为 80～120 天,平均年降水量为 250～700 mm。

黑龙江省凭借着良好的地理位置与地形条件为滑冰、滑雪、高山速降和越野滑雪等提供了山地优势;具备适宜冰雪运动的气候环境和良好的地理优势。历史上,黑龙江冬季体育运动主要以滑冰为主体,而现在黑龙江充分利用天然的地理优势,逐渐发展形成了独具特色的冰雪体育运动体系,全力打造"世界冰雪旅游名都"。黑龙江省冬长夏短,四季分明,森林覆盖率为 42.9%,居全国首位。山地面积占全省土地面积的 60%,省域地处中温带,为大陆性季风气候,具备了天然的气候条件。加上具有世界一流的亚布力滑雪运动场、二龙山滑雪场、亚洲最大的室内速度冰球馆、冰球花样训练馆,省内有室外人工标准冰球训练场几十处,为人们参加冰雪运动提供了良好的活动场地。黑龙江省的滑雪资源丰富,海拔 1000 m 左右,长达 120 天的积雪期,且坡度、坡向、雪量、雪质适于兴建大型滑雪场的选址就有 100 多处。资源优势为黑龙江省高标准发展滑雪旅游提供了得天独厚的条件。黑龙江省是中国滑雪旅游资源富集的省份之一,在全国都占有优势。

2.3.2 黑龙江省冰雪资源气候优势

本小节通过对全国气温、降水、积雪、风力等气象要素的分析,探讨黑龙江省冬季冰雪资源的气候优势。

冰雪是气温在 0 ℃ 以下形成的固态水,冰雪的稳定性取决于环境温度。分析我国常年冬季月平均气温的空间分布特征(图 2.10)可以看出,冬季全国平均气温低于 0 ℃ 以下的地区,主要有新疆北部、西藏、青海大部、内蒙古北部以及黑龙江、吉林和辽宁东北部,其中,极小值区域位于黑龙江省北部、内蒙古东北部,可见黑龙江省较全国其他省份冬季气温低,整体平均气温在 0 ℃ 以下,且北部地区气温全国最低。与东北三省的其他两个省份对比可见,辽宁西南部地区平均气温在 0 ℃ 以上,仅东北部气温达到 0 ℃ 以下,吉林省冬季平均气温达 0 ℃ 以下,但其平均气温所在区间为 -8～0 ℃,气温梯度小,变化幅度不大。黑龙江省整体平均气温变化幅度较大,梯度明显,可见黑龙江省与全国乃至东北地区相比,温度条件更有利于冰雪资源的产生和稳定。同样,分析全国常年冬季月平均最低气温和月极端最低气温(图 2.11)可以看到,温度分布特征与上述平均气温空间分布相一致,黑龙江省是最低气温的极小值所在省份,相较于东北三省的吉林、辽宁二省,气温相对更低,最低气温位于黑龙江省北部的漠河气象站。

从全国冬季降水量空间分布(图 2.12a、b)来看,我国降水整体呈现南方降水多、北方降水少的空间分布特征,在东北地区,降水量分布呈西部地区偏少,东部、南部地区偏多的空间特

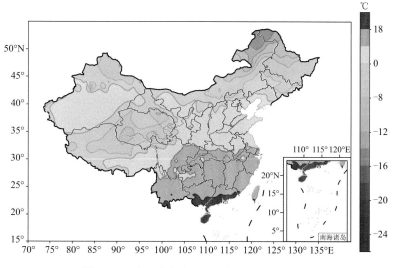

图 2.10　全国常年冬季月平均气温空间分布

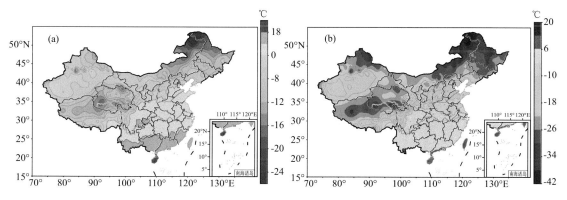

图 2.11　全国常年冬季月平均最低气温月极端最低气温空间分布
(a)月平均最低气温;(b)月极端最低气温

征;分析全国累年月日降水量平均日数分布(图 2.12c、d)可以看出,日降水量≥0.1 mm 以及日降水量≥1.0 mm 的平均日数呈南多北少的分布特征,但南方地区冬季气温偏高,在 0 ℃以上,不利于降雪结冰等天气现象的产生;东北地区气温偏低,维持在 0 ℃以下,降水量日数的大值中心位于黑龙江省大部和吉林大部,其中极大值中心位于黑龙江省北部和吉林省的长白山地区,气温偏低而降水偏多,则该地区易产生降雪结冰现象。气温偏低而降水偏多,则冰、雪等要素易形成且易稳定维持,为冬季赏冰乐雪提供有利的气象条件。

图 2.13a 为全国累年冬季月总降雪日数分布,可见降雪日数大值中心分别分布在新疆北部、西藏东部、青海南部、内蒙古东北部、吉林南部(主要为长白山地区)以及黑龙江大部,黑龙江省冬季降雪日数较多,大兴安岭地区以及伊春北部地区降雪日数超过 60 天,黑龙江省北部、东部大部地区降雪日数超过 50 天,其余大部地区降雪日数超过 30 天,降雪日数分布呈北多南少,降雪总日数与吉林省、辽宁省相比偏多。从全国累年冬季月平均最大积雪深度分布(图2.13b)可以看出,积雪深度大值区主要分布在新疆北部、西藏南部以及黑龙江东北部,辽宁省除东北部地区积雪深度达 20 cm 以上外,其他大部地区积雪深度为 10~20 cm,吉林省积雪深度较

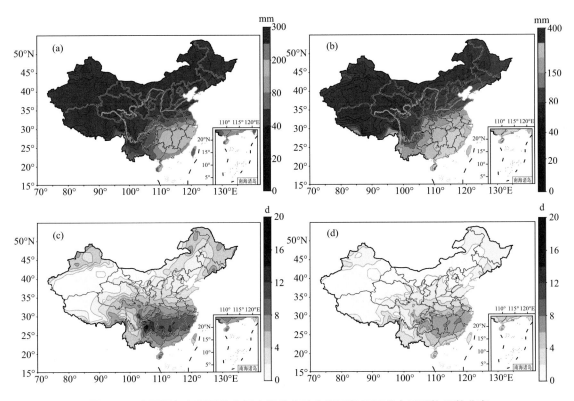

图 2.12 全国累年冬季月降水量空间分布及全国累年月日降水量平均日数分布

(a)月平均降水量；(b)月最多降水量；(c)日降水量≥0.1 mm 天数；(d)日降水量≥1.0 mm 天数

辽宁偏多,除西北部积雪深度较少外,东部地区积雪深度在 20～40 cm,局地可达 40～50 cm。黑龙江西部地区积雪深度偏小,最大积雪深度为 20～30 cm,其他大部地区积雪深度超过 30 cm,北部和东部地区部分站点积雪深度超过 40 cm,佳木斯抚远站冬季平均最大积雪深度达 71.9 cm。可见东北地区,黑龙江省整体积雪深度较大,为冬季冰雪旅游提供较为丰富的资源。

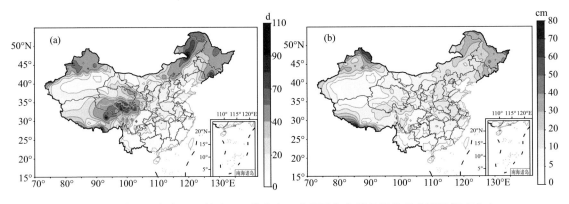

图 2.13 全国累年冬季月总降雪日数分布及全国累年冬季月平均最大积雪深度分布

(a)月总降雪日数；(b)月平均最大积雪深度

　　从全国累年冬季各积雪深度平均日数分布图(图 2.14)中可以看出,全国积雪深度≥1 cm (图 2.14a)的地区中,平均日数超过 20 天的地区为新疆北部、内蒙古东北部以及黑龙江北部,与东北三省其他两省份对比可以看出,辽宁省大部地区积雪深度≥1 cm 的平均日数少于8 天,吉林省大部地区积雪深度≥1 cm 的平均日数少于 16 天,仅长白山地区积雪深度≥1 cm 的平均日数为 16～20 天,黑龙江省大部地区积雪深度≥1 cm 的平均日数超过 12 天,北部和东部大部地区积雪深度≥1 cm 的平均日数超过 16 天,而大兴安岭地区以及黑河、伊春北部地区积雪深度≥1 cm 的平均日数超过 20 天,其中呼中站平均日数达 22.6 天,为全国积雪深度≥1 cm 的平均日数极大值。全国积雪深度≥5 cm(图 2.14b)的地区中,平均日数超过 8 天的地区为新疆北部、内蒙古东北部、吉林中部、黑龙江大部,东北地区黑龙江省积雪深度≥5 cm 的平均日数最多,尤其北部、东部大部地区平均日数超过 12 天,大兴安岭地区以及黑河、伊春北部地区积雪深度≥5 cm 的平均日数超过 16 天,其中漠河站平均日数达 20.6 天,为全国积雪深度≥5 cm 的平均日数极大值。全国积雪深度≥10 cm(图 2.14c)的地区中,平均日数超过4 天的地区为新疆北部、内蒙古东北部、吉林中部、黑龙江大部,东北地区黑龙江省积雪深度≥10 cm 的平均日数最多,尤其北部、东部大部地区平均日数超过 8 天,大兴安岭地区、黑河北部、伊春北部、佳木斯东北部地区积雪深度≥10 cm 的平均日数超过 12 天,其中漠河站平均日数达 18.9 天,为全国积雪深度≥10 cm 的平均日数极大值。全国积雪深度≥20 cm(图2.14d)的地区中,平均日数超过 4 天的地区为新疆北部、内蒙古东北部、吉林长白山地区、黑龙江北部及东部部分地区,其中漠河站平均日数达 10.2 天,为全国积雪深度≥20 cm 的平均日数极大值。由此可见,黑龙江省大部地区积雪深度平均日数较多,积雪持续时间较长,利于开发冬季冰雪赏玩项目。

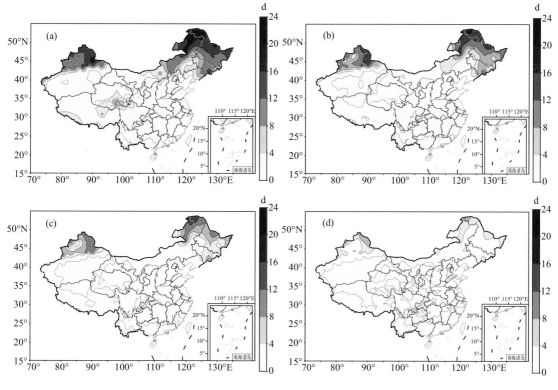

图 2.14　全国累年冬季各积雪深度平均日数分布

(a)积雪深度≥1 cm 天数;(b)积雪深度≥5 cm 天数;(c)积雪深度≥10 cm 天数;(d)积雪深度≥20 cm 天数

从全国常年冬季大风天气总日数分布(图 2.15)可以看出,黑龙江大风日数偏少,仅南部部分地区有 10~20 天的大风天气。全国常年冬季平均风速分布(图 2.16a)中,黑龙江大部地区风速为 1.6~3.3 m/s,风力 2 级,风速较小,则体感温度偏高,利于游客户外游玩;全国常年冬季最大风速分布(图 2.16b)中,黑龙江省北部地区风速偏小为 10.8~13.8 m/s,风力 6 级,其他大部地区风速在 13.9~20.7 m/s,风力 7~8 级,其中黑龙江省内东部地区风力偏大。

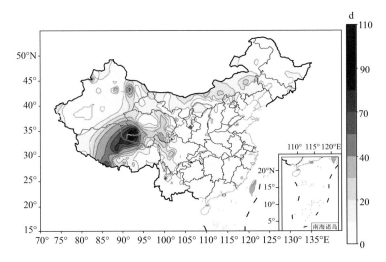

图 2.15　全国常年冬季大风天气总日数分布

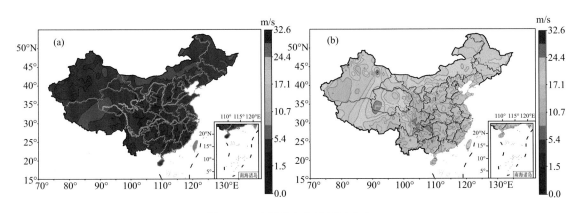

图 2.16　全国常年冬季风速分布
(a)平均风速;(b)最大风速

图 2.17 为全国常年冬季平均相对湿度分布图,可以看出我国整体南方地区湿度偏高,北方地区湿度偏低,在东北地区,黑龙江省相对湿度较吉林、辽宁偏高,全省大部地区相对湿度达 60%~70%。相对湿度适中对降雪天气的产生和维持,以及户外冰雪运动均有助益,湿度是冰雪形成的重要气象要素。

从全国累年冬季沙尘暴及冰雹总日数分布图(图 2.18)中可以看出,沙尘暴主要出现在我国西北部,冰雹主要出现在我国西南部,黑龙江省出现此两种灾害性天气的日数极少,适宜冬季游玩。

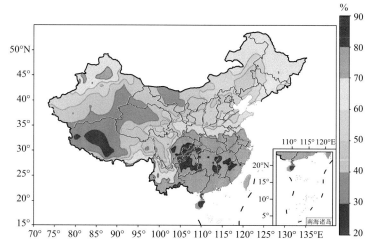

图 2.17　全国常年冬季平均相对湿度分布

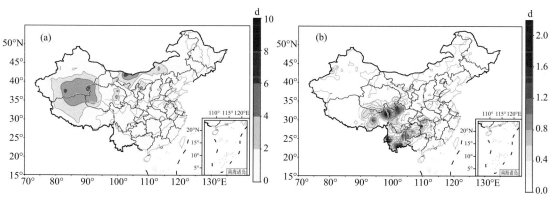

图 2.18　全国累年冬季天气现象总日数分布

(a)沙尘暴；(b)冰雹

2.4　黑龙江省冬季特色旅游气象服务

2.4.1　发展冰雪旅游的经济与文化优势

黑龙江成功地举办过国际和国内高水平的冰雪赛事。冰雪运动项目包括冰上运动项目，如速度滑冰、短道速度滑冰、花样滑冰、冰球、冰壶；雪上运动项目包括高山滑雪、高山单板滑雪、跳水滑雪、自由式滑雪空中技巧、越野滑雪、雪地足球等。这些比赛，使黑龙江省取得了宝贵的大赛经验，同时也促进了我国冰雪运动的发展。今后，黑龙江滑雪运动不但可以面向初学者，使其很快掌握基本的滑雪要领，成为大众滑雪队伍，还可以满足中、高级滑雪者的需求，在建设中、高级大型雪场方面上形成了发展规模，确保在全国的领先地位。冰雪运动不仅可以展示运动健儿向自然与运动极限挑战的意志、力量与速度以及高超的运动技术，而且还可以成为人们参加冰雪活动和观看冰雪比赛的好地方；也为广大的旅游群体提供一种观赏、体验、享受、陶冶情操的资源环境；让黑龙江的滑雪、冰橇、冬泳活动、雪地足球、冰灯游园、雪雕比赛等冰雪旅游的内容更加丰富多彩，吸引八方来客。

黑龙江冰雪运动的经济发展优势：1996年亚冬会在黑龙江省的成功举行，使得具有高档设备的亚布力滑雪旅游度假风景区建成，促进了黑龙江省滑雪旅游业的发展。随着滑雪旅游业的迅速崛起，黑龙江的滑雪旅游在中国知名度迅速扩大，成为首选的滑雪旅游胜地。近几年，黑龙江省大力发展滑雪旅游，作为冬季旅游的主打品牌，努力打造"黑龙江——中国旅游滑雪胜地"，为黑龙江经济的发展奠定了良好的基础。目前，黑龙江省已建成滑雪场近百家，其中有各类雪道150多条，总长度近15万m，各种索道120多条，雪具3.5万余副，滑雪场直接用于接待滑雪旅游者的床位万余张。参与滑雪旅游的人数成倍增长，年滑雪旅游人次已超过180万，滑雪旅游开始成为家喻户晓的大众消费项目，成为冬季休闲度假的最好选择。滑雪旅游市场成为经济发展的支柱产业，也在不断扩大。黑龙江省政府非常重视冰雪资源的巨大价值，对开发滑雪旅游前景充满希望，认为这不仅具有非常可观的经济效益，而且对全民健身活动都是十分有意义的，并提出实施发展旅游业的战略，以冰雪旅游为重点，逐步培育国民经济的支柱产业，推动黑龙江省滑雪产业发展。1998年在全国率先创办了中国黑龙江国际滑雪节，现已连续举办8次，使冰雪运动相关产业规模和产品档次不断扩大、提升。在黑龙江省的冰雪旅游众多项目中，滑雪旅游业的发展虽然起步较晚，但却以独特的魅力成为冰雪旅游的主导产品。以亚布力、吉华、龙珠二龙山、华天乌吉密、日月峡、平山神鹿为代表的大中型滑雪场在国内外已具有较高的知名度。滑雪旅游客源市场日益成熟，形成了以省内为基础市场，北京、天津、上海、广东等地区为重点市场，俄罗斯、韩国等周边国家为入境市场的客源市场格局，成为全国冬季旅游的热点地区。每逢冰雪旅游季节，客源市场在不断扩展，吸引着越来越多的国内外旅客。而滑雪运动需要的雪服、雪鞋、雪具、造雪机、压雪机、缆车、索道等一系列产品又形成一条产业链。因此，发展滑雪旅游这种现代的健身运动休闲方式，不仅会扩大新的滑雪爱好者消费群体，而且对当地经济的拉动作用也十分显著，相关产业的经济效益也得到了提高。冰雪体育、冰雪旅游带动了哈尔滨以及周边地区的商业、餐饮业、住宿业、交通业的发展。尤其是冰雪节期间，黑龙江省的哈尔滨、大庆、齐齐哈尔、牡丹江等地纷纷开展经贸洽谈、招商引资、物资交易、经济技术合作活动，极大地促进了对外经济合作水平的不断提升，形成了冰雪搭台、经贸唱戏、旅游结果、经济繁荣的良性循环。冰雪体育和冰雪旅游的发展，不仅带动了冰雪工业、冰雪文化和冰雪商品生产，形成冰雪旅游产业化体系，也带来了经济效益和社会效益的双赢，加快了黑龙江省经济的振兴，成为经济的增长点，更能促进冰雪运动及相关产业的发展，使黑龙江的知名度在国内乃至全世界得到提高，让全世界的人都知道黑龙江，了解黑龙江。让黑龙江的冰雪体育、滑雪运动家喻户晓，让更多的冰雪运动爱好者投身到这项运动中来，促进冰雪运动的蓬勃发展，拉动全省社会经济，促进滑雪旅游对经济的拉动作用。

冰雪运动引领黑龙江的文化优势：黑龙江有着独特的冰雪文化优势，还有美丽的东方"美巴黎"之称的哈尔滨，有其独特的城市建筑艺术及文化，吸引着八方游客，使之成为冰雪文化活动的亮点。哈尔滨著名的中央大街有着俄式建筑、步行街特有的风格；索菲亚教堂的艺术魅力等，都给人以美的享受，成为冰雪文化艺术的展示点。以城市冰雪文化活动为中心，展示冰雪特色艺术和民族冰雪文化，形成黑龙江独有文化。这样有利于冰雪文化的建设，有利于冰雪旅游资源的开发。冰雪文化发源于寒冷地区，存在于各族人民长期的生产和生活之中。东北寒冷的气候,丰富的水资源,为冰雪文化的形成提供了充足的载体,这种文化涉及到建筑、器物、饮食、历史、经济、艺术、文学、运动、娱乐、服饰、风俗、街道等方面。以冰灯的发展为例,现代冰灯已经突破了原来的定义,变成了各种冰雪艺术造型的总称,成了北国独特的冰雪造型艺术。著名的哈尔滨冰灯游园会综合了雕刻、建筑、装潢、灯光、音乐、绘画、园林等众多的艺术门类,以及光、声、电等科学技术,已成为当今世界上最大规模的冰灯景观,使冰雪艺术既丰富于民族传统的特色,又洋溢着现代文明的风采。每届冰雪节期间,搭建起了冰雪文化的大舞台,使冰雪文化成为经济发展的媒介和桥梁,人们广泛参与在省内各地举行的冰雪活动。同时,哈尔滨巧借独有的历史和民俗,形成了自己特有的冰雪文化。这些活动涉及旅游、经贸、体育、文化、娱乐和冰雪艺术等领域,起到了经济支柱的作用。在长期的冰雪文化熏陶下,人们参与冰雪的范围日益扩大,这种冰雪热情也日渐高涨,玩冰、赏雪已经成为一种时尚。冰雪文化与艺术、经济的互动,正不断地提高着冰雪文化的档次、品位和人们的鉴赏能力,也促进了社会的文明和进步。

2.4.2　大兴安岭冬季之旅

八万里大兴安岭是中国最北、最冷、积雪期最长的一方净土,属于寒温带大陆性季风气候,结冰期、降雪日数长达 210 天,积雪期长达 180 天左右,滑雪场滑冰场都是纯天然无须人工造雪造冰。无霜期 80~110 天,最低气温达到 −52.3 ℃,冬季 12 月、1 月平均气温也在 −20 ℃以下,降雪早、雪期长、雪量大、雪质好,是大兴安岭独特的冰雪旅游自然优势。由图 2.19 可以看出,漠河各月平均气温较呼玛、加格达奇偏低,冬季常年平均气温为 −15.7 ℃,常年 10 月平均气温已达到 0 ℃以下,11 月平均气温为 −17.4 ℃,12 月、1 月、2 月平均气温均在 −20 ℃以下,3 月平均气温为 −12.2 ℃,4 月回升至 0.8 ℃,呼玛与加格达奇两地在 10 月平均气温为 0 ℃以上,12 月、1 月平均气温降至 −20 ℃以下,2 月气温回升至 −18 ℃左右,3 月平均气温为 −8 ℃左右,4 月平均气温分别为 3.5 ℃、3.4 ℃。大兴安岭地区三地常年冷季最高气温逐月分布图中(图 2.20),加格达奇气温最高,10 月最高气温为 8.4 ℃,12 月、1 月为 −14 ℃左右,3 月回升至 0 ℃以上,漠河、呼玛两地常年平均最高气温 10 月为 0 ℃以上,12 月、1 月平均最高气温为 18 ℃左右,2 月最高气温为 −10 ℃左右,3 月最高气温为 −1 ℃左右,4 月回升至 0 ℃以上。大兴安岭地区三地常年冷季最低气温逐月分布中(图 2.21),漠河在 12 月、1 月、2 月常年平均最低气温均在 −30 ℃以下。大兴安岭地区三地常年冷季降水量(图 2.22)10 月最多,此后降水量逐月减少,至 2 月降水量为冬季最少,3 月逐步回升。从图 2.14 全国积雪深度平均日数分布同样可以看到,漠河积雪深度平均日数最多,积雪持续时间最长。

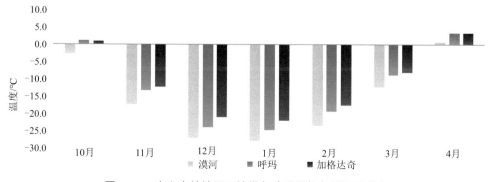

图 2.19　大兴安岭地区三地常年冷季平均气温逐月分布

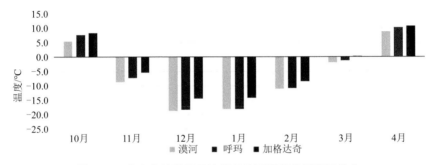

图 2.20 大兴安岭地区三地常年冷季最高气温逐月分布

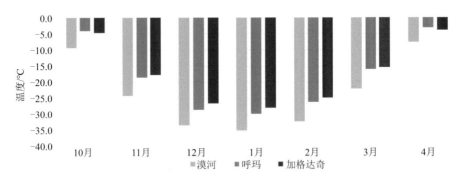

图 2.21 大兴安岭地区三地常年冷季最低气温逐月分布

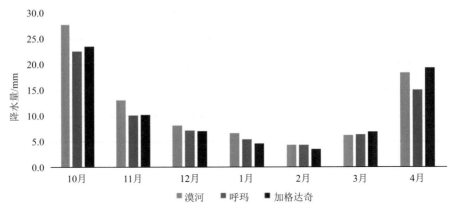

图 2.22 大兴安岭地区三地常年冷季降水量逐月分布

大兴安岭地区开辟了多条旅游精品线路,游客可以尽情畅游大兴安岭林海雪原,感受"北国风光,千里冰封,万里雪飘"的豪迈,体验"穿林海,跨雪原"的激情。在自然生态滑雪场大兴安岭映山红滑雪场滑雪,到白银纳鄂伦春人家做客;探秘奇、美、纯、净的漠河北极村,找北、找冷、找纯、找静、找奇,观"极夜"天象、赏极光奇景;探寻原生态自然的浩瀚林海、万顷冰雪;坐麋鹿雪橇,看冰灯、打雪仗、黑龙江上冬钓,陶醉北极冰雪仙境;到呼玛画山、鹿鼎山、金山国家森林公园赏北国雪景,令人陶醉……冬季寒冷的大兴安岭成为旅游"新热点"。在城镇,无论你走到哪里,街道两侧、广场、公园、社区,一件件富有民族特色、风土人情的冰雪雕塑作品引人驻足。

大兴安岭以"冻"感兴安、"冷"静之旅为主题,全力开发集挑战性、观赏性、娱乐性为一体的冰雪旅游盛宴,积极打造"三区七最"主题冰雪旅游品牌。"三区"是指冰雪产品布局方面,即在北部漠河市、图强林业局,重点依托北极村、圣诞村、中国最北点、世界第一大界江黑龙江等资源,开发特色冰雪极限挑战产品,打造神州北极冰雪挑战区;中部根据呼中区中国最冷小镇的气候特点,开发穿越兴安之巅、原始森林探险、最冷气温极寒挑战等冰雪主题产品,打造最冷小镇穿越探险区;南部在加格达奇区、呼玛县、韩家园林业局,依托映山红滑雪场、鹿鼎山景区、兴安冰雪乐园、中国最美小镇等,打造激情兴安娱乐体验区。"七最"是指丰富活动内涵方面,即在北极村、中国最北点、中国最冷小镇、加格达奇兴安冰雪乐园、呼玛县吉象湖公园等地举办极寒钢管舞挑战赛、泼水成冰等极寒冰雪挑战表演、加格达奇国际冬泳挑战赛、界江冰雪汽车越野挑战赛、百万青少年上冰雪等"最冷极寒挑战";在北极圣诞村举办北极圣诞集体婚礼、圣诞冰雪狂欢节等"最纯圣诞探秘";在中国最冷小镇、白山景区、天台山景区、金山森林公园举办森林冰雪徒步穿越等"最净林海穿越";在映山红滑雪场、北极圣诞滑雪场举办最长雪期滑雪体验、映山红滑雪场初冬晚春滑雪挑战赛等"最长雪期滑雪";在北极村举办极光星空摄影观赏体验等"最北天象观赏";在中国最冷小镇、漠河石林、呼玛河湿地、九曲十八弯、大白山景区、甘河十里画廊举办雾凇观赏拍摄、冰雪奇景观赏、冰雪雕作品欣赏、冰河红柳观赏等"最美冰雪景观";在中国最北点、观音山景区、松苑公园举办极地祈福、冰雪娱乐体验等"最北祈福体验"。精彩纷呈的兴安冰雪旅游活动大幕已经开启,依托大兴安岭地区"极北、极寒、极光、极雪、极景"等独特资源优势,掀起共建冰雪盛宴热潮。

近年来,大兴安岭地区气象部门不断加强与文旅等各部门的协调配合,全力做好冰雪旅游气象服务工作,推进大兴安岭冰雪产业和冰雪经济快速发展,将气候资源作为旅游资源的开发要素,促进气象服务与冰雪旅游有机融合,合力构建政府引导、社会协同、企业主体、群众参与的发展格局,打造冰雪旅游地域特色名片,践行习近平总书记"冰天雪地也是金山银山"的指示精神。

大兴安岭地区气象部门加强景区景点气象灾害防御工作,全面落实《恶劣天气旅游交通安全管理联动机制》职责,保障景区和交通干线的预报准确率,规范旅游气象信息发布,将大兴安岭气象等微信号融入地方主流公众平台,运用微信、微博、抖音、手机短信、电子显示屏等载体,及时发布暴雪、寒潮、大风、大雾、道路结冰等灾害性天气预报预警信息,适时增加预报发布频次,并提供有针对性的防灾避险建议。

"醉美龙江飘雪时,龙江最美属兴安",大兴安岭冰雪特色旅游独具魅力,冰雪旅游产业前景观阔,如何让这股"白色旋风"刮得更猛、让冰天雪地"聚宝盆"焕发异彩,我们认为气象服务就像"火锅的料",如何把冰雪游的味道"调"得更美,气象服务这把"料"至关重要。如何更好地服务于冰雪资源开发利用、有针对性地开展冰雪旅游气象保障服务,要围绕冰雪旅游和冰雪发展作好规划,纳入气象事业发展重点规划内容,开展精细化冰雪旅游气象服务,努力做出特色,让旅游者感到贴心,感到温暖,感到宾至如归。

一是结合大兴安岭独特优势统筹规划突出精细化气象服务。大兴安岭是我国冰雪资源最富集的地区,具备入冬时间最早、开春时间最晚、气温低、积雪日数最多、降雪量大等气候特点,赋予其发展冰雪旅游和冰雪产业的独特优势。聚焦这一优势,气象部门加强统筹规划,从积雪、暴雪日数、气温、地温等方面对全区冰雪旅游气象条件进行综合分析评估,为地方政府提供决策支撑;面向冰雪旅游的精细化预报、旅游景点预报等产品;加强预警发布能力建设,开展冬季暴雪、寒潮等对冰雪旅游影响较大的天气过程的监测预报预警;加强部门间信息共享,积极推动与旅游、交通等部门在各景区、各主要公路沿线的实景监控信息共享;与三大通信运营商建立了手机短信发布绿色通道,第一时间发布预报预警信息,让游客享受安全、舒适的冰雪旅游。通过参与冰雪旅游规划与建设,气象服务全方位融入冰雪旅游发展。气象部门每年冬天重点针对降雪量、积雪深度等方面开展预报服务。漠河市气象局积极开展开江期、封江期预报,呼玛县气象局"南有钱塘大潮,北有呼玛开江"主题文化周气象服务多次得到有关部门的好评。

二是瞄准冰雪赛事开展针对性气象服务。冰雪赛事对气象条件和相应的精细化服务要求极高。随着近年来黑龙江冰雪赛事的增多,为赛事开展针对性气象保障服务成为重中之重。享有中国"冰雪达喀尔"美誉的"中国冰雪汽车越野拉力赛暨华夏两极汽车挑战赛"在漠河市、呼玛县两地的黑龙江江面上已举办了多届,大兴安岭地区各级气象部门为做好比赛期间的气象保障服务工作,制定了详细的气象服务方案,明确职责,通力协作,加强配合。主要服务内容包括赛事期间发布赛事所经地域的天气预报,包括气温、风向、风速、雪情、日出日落等;制作各赛段历史同期气候分析、旬天气预报、逐日天气预报,提供开幕式现场气象保障、赛段现场观测和电子屏显示、专题天气预报、手机气象短信等服务;如遇重大天气过程,制作赛段专题短期天气预报,为组委会提供决策服务。该赛段全长超过 3000 km,是我国举办的比赛时间最长、距离最远的冰雪汽车赛事。

三是为滑雪、滑冰项目开展有针对性的气象服务。对于滑雪项目来说,山上降雪量一般比山下大;三面环山的赛道风力通常较小,风向单一……通过充分利用数值预报模式、对比预报检验、历史资料分析等,气象部门找出了不同赛道各自的特殊性,并据此开展有针对性的预报服务。冰上赛事的要求则更为苛刻,例如在加格达奇速滑馆,一遇到有赛事,气象服务人员每天都要提供包括冰面温度、室内温度、湿度、室内气压、冰面海拔高度在内的现场气象信息专报和当地 72 小时气象信息预报,开赛前 5 分钟、比赛结束前 5 分钟提供现场冰面温度、冰底温度等五要素信息专报。同时,气象服务人员还要在冰场浇冰后测量冰面温度,绘制温度曲线,并总结制冷剂交换点的气象信息,使冰场工作人员第一时间了解冰面温度信息,更精确地调节制冷设备、控制温度。

2.4.2.1 找北,体验极寒之旅

冬天,很多南方朋友喜欢去哈尔滨体验寒冷。其实,要想真正体验寒冷,建议您在冬至的季节里来大兴安岭,去感受极寒天气,因为,这里是中国最北、最冷的地方。

寻找冬日的梦幻美景,体验极寒的北国风光。银装素裹的冬季、白雪皑皑的群山,成就了大兴安岭神州北极,冰天雪地的旅游盛宴期待您的光临。和大兴安岭的一次相遇,不早不晚,就是在这个极寒找冷去兴安,踏雪寻爱醉北极。当你来到大兴安岭,这里的所有都是你心中的诗意远方。大兴安岭冬季十大旅游产品,极寒挑战、节庆狂欢、圣诞世界、冰雪摄影、天象奇观、极地祈福、地方美食、民俗体验、驿站风情、低空飞行带你体验神州北极无限魅力;寻北探源游、开发文化游、界江古驿游、浪漫寻爱游、森林穿越游、低空飞行游六大精品路线让你"嗨翻"整个冬天。冬季的大兴安岭,在雪花的飘落中聚积了无穷的魅力。山川在雪花的飘洒中,变得更加恢弘,河流在雪花的守护中,变得更加安详……这一切,都是你诗句里的模样。

走进大兴安岭漠河的冬季。漠河地处北纬 53.5° 附近,是"神州的北极",是国内最冷的地方,极端最低气温曾达 −52.3 ℃。如果你愿意去体验,可以选择在凛冽的冬季踏雪北上,去体验一种极度的严寒,感受一种极致的纯净与纯粹。

这里的大山,深沉而威严,这里的河流,宁静而安详。

极寒体验前,要做好充分的御寒准备,全副武装,才是硬道理! 有人可能会问,这么冷,会不会冻坏啊! 其实,您的担心完全没有必要。这里室外温度极低,但室内温度一般都能达到25 ℃。出门到室外,吸进的纯净冷空气会很爽,有洗肺的感觉,呼出的热气就会迅速变成一条

条飘曳的白烟。凛冽的冷空气,像一根根细针扎在脸上,有丝丝灼痛感,所以建议您一定要把能捂的地方都捂的严实些,只露出眼睛就好,放心,眼睛不怕冻。不一会儿,在自己身上就能看到"雾凇现象",神奇吧,因为我们呼出的热气,迅速凝结在眉毛、头发、睫毛上,形成乳白色的疏松的针状冰晶。戴着帽子的男人个个像"圣诞老人",女子自然无一例外的是"白雪公主"。想眨眨眼睛,那结满了冰晶的眼皮却变得重而僵硬。掏出镜子看看,这种冰雪凝眸的样子却也别有风味,那可真是冰清玉洁呀!

这个季节,当地人说气温都不说零下,只说度数。比如,当天最低温度是-45 ℃,他们就会说:今天45 ℃,在您的一生当中不想体验体验这种"淋漓尽致"的感觉吗?

这个季节,这里的汽车如果稍微长点时间不开的话,都是要"娇气地"住在暖房子里的,否则时间稍长就会打不着火,连部队上的军用越野车也要到这里来进行极限防寒检测。近年来,大兴安岭积极发展寒地试车等"双寒"经济,将"寒冰场"融化成"热产业",在冰天雪地中找到了经济发展的新机遇。入冬后,漠河红河谷寒地试车基地云集了国内外知名汽车厂商,众多的车队驰骋在冰天雪地的北疆冻土上,试车企业的技术人员和驾驶人员利用漠河得天独厚的寒冷气候紧张有序地开展新车上市前的各类性能测试工作。

冬日的界江黑龙江,已经凝固了,宁静、安详。界江的对面,连绵的山,那边就是俄罗斯了,山下是俄罗斯阿穆尔州的伊格那思依诺村。"千里冰封,万里雪飘……山舞银蛇,原驰蜡象"是这里最好的写照。南方人可能难以想象,面前这片白色的旷野会是一条大江,它安静、低调、宽广、银白、耀眼。人在冰封的江面上行走,会感觉到人的渺小和自然的伟大。素有"冰雪达喀尔"之称的华夏两极(北极漠河、东极抚远)冰雪汽车拉力挑战赛已举办多届,从中国的"东极"到"北极",一路纵横北国冰雪,挑战"极限黑龙江"。该项赛事就是在冰封的黑龙江江面上举办的,得天独厚的冰雪旅游资源让我们迎来一场别具一格的冰雪赛车盛宴。以"冰雪"为载体,以赛车运动为元素,突出黑龙江冰雪特色,娱乐性、体验性、参与性贯穿整个赛事活动之中,将冰雪体育与冰雪旅游深度融合。抚远—漠河一路均为纯天然的冰雪赛道,非常具有挑战性。车手们用精湛的车技和轰隆的马达声点燃赛事的激情,带来雪幕一般的视觉震撼与速度体验。

路,伸向远方。这里是中国最北的村落——北极村。村落里有很多原始的"木刻楞"房子。所谓"木刻楞",就是周围的墙体全是用圆圆的松木垒起来的,里外再抹上泥巴就成了,是北陲特有的典型民房,冬暖夏凉。冬日的"木刻楞",如充满现实主义风格的俄罗斯乡间风光油画,凝实厚重;从屋顶烟囱里不断溢出的袅袅轻烟,在清冽的空气中弥散、飘绕,充满活力和生机,散发出浓郁的乡土气息。

冬日的夜晚,可以用"越夜越美"来形容。这里地处我国最北端,冬季夜晚时间长,独特的冰雪雕塑,在各色灯光的映衬下,比白天多了许多色彩和韵味。除了童话世界般的冰雪雕塑,神州北极的夜空也是神秘莫测,变幻多端。这里的夜空很纯净,一抬头就能看到满天的星星,点点闪烁,密布在蓝丝绒般的空中,北极星给你点亮心中的方向。

冬日的早上,连太阳也好像怕冷似的,出来得很晚。白天的太阳也显得非常的慵懒,好像不发光,也不发热,只是低低地浮在空中。当气温低至-40 ℃,在大兴安岭会出现冰雾的天气现象,当地人俗称"冒白烟儿"。清晨的街道笼罩在一层白雾之中,能见度有时不足50 m。冰雾实际上是水汽的凝华现象。不少人认为冰雾为液体,但实际上其是由固体粒子形成的。在空气中有许多小的冰晶,这些冰晶肉眼几乎看不到,而当其大量悬浮在空气当中,就形成了雾。接近陆地的空气温度较高,而随着空气上升,离地面越远的高度,温度就越低。水汽在上升的过程中温度降至冰点以下,因而冻结成了冰晶。越来越多的冰晶在一起,就形成了冰雾。

2.4.2.2 呼玛河冰瀑

冬日里,大兴安岭的气温跌破−40 ℃!然而,大自然在寒冬中也赋予了兴安别样的美景。呼玛河两岸,时有悬崖峭壁,也颇多奇石异水。从呼玛河大桥逆流而上6 km处名叫红石砬子的悬崖峭壁上,一道道天然的冰瀑布,为冬日增添了别样的风景,吸引着八方游客前来观赏、驻足、留影,记录下这美好的瞬间。

每年严寒时节,红石砬子冰瀑布都会与山林间的皑皑白雪相约而至。它就像一块镶嵌在山间的巨大冰块一般,与蓝蓝的天空和红色、黄色的峭壁共同组成了一幅绝妙的图画,不禁使人由衷地赞叹大自然的美丽与神奇。远远望去,冰瀑好像一座大佛,背靠悬崖静静端坐,慈祥而安宁,当地人给冰瀑起了一个美丽而动听的名字——"蒙面玉佛"。景区多处小冰瀑布群与高30 m的主瀑遥相呼应,晶莹的冰帘以及千姿百态的冰幔、冰挂,定格成一幅令人遐想的天然艺术冰雕。

这条瀑布虽然没有庐山瀑布之秀丽,更没有黄果树瀑布之壮美,但在这蓝天白云、林海银河的美景中也是别有风韵的。悬崖顶上的山泉水透过山体上道道的岩石缝隙,几经曲折,终于在呼玛河边悬崖峭壁的半空中流淌出来,随着天气变冷,从峭壁上流出的水就冻结成了形态各异的冰柱,久而久之,高度在1~30 m左右的冰瀑逐渐形成。呼玛河冰瀑奇观历年都会出现,瀑布的大小、落差会因为每年的降水量多少而略有差异。如果当年雨量充沛,加上冬季雪量大,冰瀑会越发奇异壮观,而且数量也会特别多,会形成多个一串串形同冰幔、冰挂一般的冰瀑布群。

2.4.2.3 梦幻冰河——大兴安岭不冻河奇观

在大兴安岭呼玛河流域,有多条支流,即使在−40 ℃的天气条件下,却依然汩汩流淌,水汽蒸腾,多少年来从未结冰,严冬从不封冻,故称之为"不冻河",令人称奇。在呼玛河入黑龙江口附近10 km左右的河道、河汊中,就有多处常年不冻的冰河,河水清澈见底,鹅卵石、水草清晰可见,河面上云蒸霞蔚,河两岸因水汽蒸腾凝结成雾凇奇景,与皑皑白雪倒映在水中,水面云雾缭绕,恍如身处幻境仙境。河中央裸露的岩石,像裹了一层厚厚的棉絮,一朵朵、一团团,似冰蘑菇又似雪馒头,宛如身在童话世界,又似一幅绝美的水墨画卷。尤其是河面上雾气升腾,透着夕阳的余辉,流光溢彩,景色十分壮观。每当白雪覆盖了山峦,河边的红毛柳倔强地在寒风中屹立,寒冬里火红的枝条与冰河相映,成为这里独有的景观——冰河红柳。远远望去,冰河在白茫茫的大地上流过,宛如一道裂隙,蓝色的河面犹如一块晶莹翡翠镶嵌在白色大地上。

这就是大兴安岭如梦似幻的"不冻河"。呼玛河发源于大兴安岭的伊勒呼里山,是黑龙江上游较大支流之一,冬季结冰期为11月上旬至次年4月下旬。在极寒的季节里,"不冻河"两岸经常会出现神奇的景观:雾凇、雪蘑菇、霜塔、神奇的冰凌花、冰泡等。如果您喜欢摄影,请来这里寻梦,"不冻河"会特别慷慨大方,把最美的景色呈现给您,在夕阳的照耀下,雾气缭绕的"不冻河"把它美丽神奇的景观呈现在眼前——梦幻冰河!在标准大气压下,当气温在0 ℃以下时,水就会冻结成冰。而在冬季的大兴安岭,气温已经远远低于0 ℃,按理说河流应该都会结冰了,但大兴安岭就有这么神奇的河流,出现神奇一幕。周边已经是冰天雪地,但是河水却依然日夜流淌,不仅没有结冰,甚至水中还生长着绿色水草。据专家考证,呼玛河流域之所以有众多"不冻河",是由于河床下面蕴含着丰富的地热资源,导致河床的温度比较高,致使流经的河水不会结冰。

2.4.2.4　泼水成冰

泼水成冰,顾名思义,毋庸多释。南方的朋友们,欢迎在极寒的天气里,来中国的最北部大兴安岭感受泼水成冰的乐趣,在南方绝对体会不到哦! 在气温极低(越低越好玩,最好在−40 ℃以下)的环境里,倒一杯滚烫的开水,将杯子里的开水向天空中用力泼出,会瞬间成冰,如果您泼的水平高,可以在空中画出一道美丽的夹杂着无数小冰晶的水蒸气弧形图案,透过阳光看去,像一道奇异的虹霓,又好似定格在空中的冰花,像无数冰箭射向四面八方,还伴有水汽凝结发出的"噗噗噗"的声音,非常漂亮,非常好玩。但有一点要注意,千万不要把自己烫着,也小心别把别人烫着。

"泼水成冰"成为南方游客体验的必备节目。据了解,为方便游客体验"泼水成冰",不少大兴安岭的家庭旅馆都专门准备了暖水瓶和水杯,为游客提供方便。

冬日里,北极漠河各个景点成了众多南方游客的乐园。除了"泼水成冰",这里还有很多与北相关的景点,如最北一家、最北邮局、最北民俗馆、最北银行、最北点等。也有很多有趣好玩的体验,如乘坐马拉爬犁、滑雪、滑冰、堆雪人、行走封冻黑龙江、体验冬捕、睡特色火炕、吃特色大锅菜、拜访圣诞老人、游玩冰雪乐园等。

"冬至最北方,泼出好风光"。神州北极大美兴安欢迎朋友们来这里体验千人泼水成冰盛宴,来自北纬53°的热情,泼洒在寒冷的冬季,冰花绽放,幸福起舞。大家共同在中国的最北端,泼去烦恼、泼去所有的不如意,祈盼新的一年风调雨顺、国泰民安。如今,"泼水成冰"已经由民俗体验项目变成了大兴安岭独特的网红"打卡"方式,也向全国乃至世界"泼"出一张"神州北极·大美兴安"的专属地域名片,真正把"冷资源"做成"热产业",把"冰天雪地"变为"金山银山"。

"冬至到兴安,吉祥又平安"。每年的冬至节,大兴安岭都会举办冰雪文化节活动。神秘的鄂伦春族萨满祈福仪式、浓郁的东北大秧歌展演以及冰雪主题歌曲展示作为冬至节的主要暖场活动,精心安排设置东北特色美食品尝区、非遗文化项目和文创产品展示区,举办煮饺子、煮汤圆、炖鱼汤、烧烤、黏豆包、冰糖葫芦等特色美食制作品尝活动,展示桦树皮烫画、面塑、蓝莓果酱、俄罗斯烤面包等非遗项目,大兴安岭冬季特色民俗活动,让游客目不暇接。

2.4.3　哈尔滨国际冰雪节

哈尔滨市是黑龙江省省会,又称"冰城",哈尔滨地处中国东北地区、东北亚中心地带,是中国东北北部政治、经济、文化中心,被誉为欧亚大陆桥的明珠,是第一条欧亚大陆桥和空中走廊的重要枢纽,哈大齐工业走廊的起点,国家战略定位的沿边开发开放中心城市、东北亚区域中心城市及"对俄合作中心城市"。

哈尔滨市地域平坦、低洼,东部县(市)多山及丘陵地。东南临张广才岭支脉丘陵,北部为小兴安岭山区,中部有松花江通过,山势不高,河流纵横,平原辽阔。哈尔滨的气候属中温带大陆性季风气候。如图 2.23 所示,哈尔滨市常年 10 月平均气温 6.8 ℃,最高气温 12.6 ℃,最低气温 1.6 ℃;11 月平均气温在 0 ℃以下,为−4.6 ℃,常年平均最高气温为 0.1 ℃,平均最低气温为−9 ℃;12 月气温降至−10 ℃以下,平均气温为−14.6 ℃,常年平均最低气温达−19.1 ℃;1 月平均气温全年最低,为−17.3 ℃,最低气温达−22.4 ℃;2 月气温开始回升,平均气温为−11.9 ℃,最高气温为−5.9 ℃;3 月哈尔滨平均气温为−2.4 ℃,最高气温回升至 0 ℃以上,为 3.2 ℃;4 月气温稳定于 0 ℃以上,平均气温为 8 ℃,最高气温可达 14 ℃,最低气温为 1.9 ℃。哈尔滨市常年冬季逐月降水量变化(图 2.24)与气温变化较为一致,10 月降水较多,降水量为 24.5 mm,由于 10 月哈尔滨气温基本为 0 ℃以上,故而降水相态多为雨或雨夹雪;11 月下降至 14.4 mm;11 月气温降至 0 ℃以下,哈尔滨 11 月份开始降水相态主要以雪为主;12 月降水量减少,为 7.6 mm;1 月降水量最小为 3.8 mm;2 月降水逐渐增多,降水量为4.5 mm;3 月降水量增多至 11.5 mm;4 月降水量为 19.3 mm。

哈尔滨冬季的气温和降雪条件,以及其深厚的冰雪历史文化,为其开展冰雪旅游带来了得天独厚的优势条件。

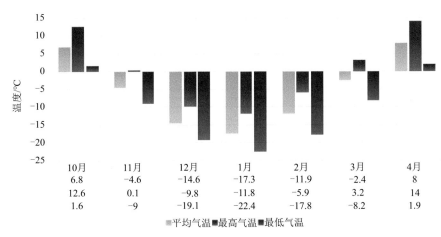

图 2.23 哈尔滨市常年冬季逐月气温分布

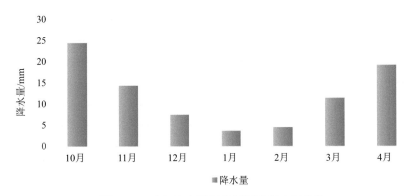

图 2.24 哈尔滨市常年冬季逐月降水量分布

2.4.3.1 哈尔滨国际冰雪节简介

哈尔滨国际冰雪节是被中外人士所瞩目的节日。这是哈尔滨人特有的节日,内容丰富,形式多样。如在松花江上修建的哈尔滨冰雪大世界、斯大林公园展出的大型冰雕,在太阳岛举办的雪雕游园会,在兆麟公园举办的规模盛大的冰灯游园会等皆为冰雪节内容。冰雪节期间举办冬泳比赛、冰球赛、雪地足球赛、高山滑雪邀请赛、冰雕比赛、国际冰雕比赛、冰上速滑赛、冰雪节诗会、冰雪摄影展、图书展、冰雪电影艺术节、冰上婚礼等。冰雪节已成为向国内外展示哈尔滨社会经济发展水平和人民精神面貌的重要窗口。

哈尔滨国际冰雪节是世界上活动时间最长的冰雪节,它只有开幕式(每年的 1 月 5 日),没有闭幕式,最初规定为期一个月,事实上前一年年底节庆活动便已开始,一直持续到 2 月底冰雪活动结束为止,期间包含了新年、春节、元宵节、滑雪节 4 个重要的节庆活动,可谓节中有节,节中套节,喜上加喜,多喜盈门。

每届冬令,哈尔滨街道广场张灯结彩,男女老幼喜气洋洋,冰雪艺术、冰雪体育、冰雪饮食、冰雪经贸、冰雪旅游、冰雪会展等各项活动在银白的世界里有声有色地开展起来,中国北方名城霎时变成了硕大无比的冰雪舞台。

每年一度的哈尔滨冰雪节,以"主题经济化、目标国际化、经营商业化、活动群众化"为原则,集冰灯游园会、大型焰火晚会、冰上婚礼、摄影比赛、图书博览会、经济技术协作洽谈会、经协信息发布洽谈会、物资交易大会、专利技术新产品交易会于一体,吸引游客多达百余万人次,经贸洽谈会成交额逐年上升。冰雪节不仅是中外游客旅游观光的热点,而且还是国内外客商开展经贸合作、进行友好交往的桥梁和纽带。

(1)举办背景

20世纪80年代初,哈尔滨冰灯已扬名四海、观者如云,群众性的滑冰、打冰橇、乘冰帆等冰上运动及冬泳也为哈尔滨之冬增加了活力。冰雪文化活动已经受到某些部门的重视,中共哈尔滨市委宣传部的有关同志在接待来哈观赏冰灯的港澳台胞过程中,发现他们不仅爱哈尔滨的冰灯,而且也爱哈尔滨的白雪,由此产生了举办"哈尔滨之冬冰雪节"的设想,并于1983年10月向市委提出建议,经过一年多的不懈努力,得到省委主要领导的首肯,于1985年1月5日在冰灯游园会所在地兆麟公园的南门外举行了隆重的开幕式,并宣布以后每年从1月5日开始都举行为期一个月的哈尔滨冰雪节。

节日的开始时间是每年的1月5日,根据天气状况和活动安排,持续时间一个月左右。冰雪节正式创立于1985年,是在哈尔滨市每年冬季传统的冰灯游园会的基础上创办的。起初名称为"哈尔滨冰雪节",2001年,冰雪节与黑龙江国际滑雪节合并,正式更名为"中国哈尔滨国际冰雪节"。

(2)体育项目

坚冰厚雪为哈尔滨提供了冬季体育运动场所。冰雪节期间,在国际性冰雪体育比赛方面,组织举办国际女子冰球邀请赛、国际冰壶邀请赛、国际太极拳邀请赛、国际冬泳邀请赛及冬泳表演等活动。在具有地方特色的体育方面,"万人上冰、万人健身"、中小学生上冰雪等系列活动,其中包括冰舞表演、速滑比赛、冰球比赛等项目,举办雪地足球赛、全国台球邀请赛、保龄球邀请赛、"冰灯杯"篮球邀请赛、"希望杯"棋类比赛、"育苗杯"乒乓球邀请赛及表演活动。寒假期间将举办中小学生参加的趣味冰雪运动会并举办中小学生冰上运动会、少儿冰上运动会、中小学生速滑比赛和冰球比赛。同时开展雪地摩托、冰撬、冰帆、冰耷等传统体育活动。

(3)商贸集会

伴随哈尔滨国际冰雪节而生的"冰洽会"是一个大流通、大经贸、上档次、上规模的集会。2008年冰雪节展会举办地点为黑龙江省冰上运动基地,设立10个专展,是上届专展的两倍;展位设置800个,是上届展位数量的两倍以上。突出了冰雪文化,带动了冰雪经贸。"冰洽会"在发展冰雪文化、促进冰雪旅游的同时,进行了经贸交流、技术合作,增进区域经济蓬勃发展。

(4)冰雪文化

广义的冰灯是以冰雪为材料制作的艺术造型,是冰雪艺术造型和灯光效果的总称,具体可分为:冷冻冰灯,是较原始的冰灯;雕刻灯,是用天然冰雕刻而成,如万寿灯、荷花灯等。

作为哈尔滨国际冰雪节的重头戏之一,哈尔滨太阳岛国际雪雕艺术博览会,由于每年雪博会的展出周期长(60～70天),号称"世界上最大的冰雪狂欢嘉年华"。雪博会以"和平、友谊、发展"为主题,以打造雪塑精品、发展冰雪旅游、繁荣冰雪文化为目的,打造一个"大、奇、美、精"

的冰雪园林景观。

冰花是将鲜花、翠竹、硕果、游鱼冻在一定体积、不同形状的冰块中的冰雪艺术品。

冰盆景是仿照山水盆景用冰雕刻或堆砌冻结而成的,有岩、绝壁、石林等千变万化的山川美景。冰盆景其实是冰雕塑的一种。

冰景致又称水晶冰艺术,这是以山、树或河床为凭借,根据需要用木杆搭成架子,架上绑草帘、捆草绳、系树枝。这些就绪后,在−20℃的严寒气候里用清水喷浇,低的用人端着水龙头浇,高的还要动用消防队架云梯。用这种办法可浇成冰山雪岭、冰雪瀑布、冰窟雪洞。

冰雕塑:早在新中国成立以前,就有人利用松花江天然冰为俄国侨民中的基督教徒雕刻过十字架或耶稣像,供祭祈使用。冰城人以天然冰为原料,以木工用的大铲、扁铲、尖刀、圆刀等为工具,进行艺术创作,则是从1964年的第二届冰灯游园会开始的。当时,人们决定用松花江天然冰雕琢艺术品。经过一番室内试验,4 m高的工农兵冰雕应运而生。

2.4.3.2　哈尔滨冰雪大世界开园气象条件分析

中国·哈尔滨冰雪大世界(Harbin Ice and Snow World,China),始创于1999年,是由黑龙江省哈尔滨市政府为迎接千年庆典神州世纪游活动,凭借哈尔滨的冰雪时节优势,而推出的大型冰雪艺术精品工程,展示了北方名城哈尔滨冰雪文化和冰雪旅游魅力。

采冰

哈尔滨冰雪大世界的冰雕用冰块基本来于12月份冰天雪地的松花江江面。“冰冻三尺非一日之寒”,这时的松花江江面上冰层厚度可达0.5 m以上,也可以到1 m以上。在合适的江上采冰场地先凿个窟窿,再下锯沿着江面裁剪譬如1 m³的冰块,用叉车把冰块放到卡车上运到离江边不远的冰雪大世界场地,像盖房垒砖一样垒冰,再根据设计图纸进行冰雕。

采冰的基本条件是要先找到一块理想的采冰区域。冰块的形成是冰晶生长过程。松花江水流稳定、水质清,冰晶在冬日里不断生成又不断被打破,最终形成了密度均匀、晶莹剔透的冰块,这种冰块最适合用来做冰雕原料。哈尔滨冰雪大世界坚持选用来自松花江的天然冰,这种优质天然冰块是建设哈尔滨冰雪大世界最好的原料。

松花江哈尔滨段在每年的中下旬开始封江,近10年,封江时段的日平均气温为−7.6℃(图2.25),此时松花江面上大大小小的冰块相互叠加、穿插在一起,阵阵北风吹过,飘起“风吹雪”,松花江景美如画,而江面的碎冰块是松花江跑冰排形成的,气温低冰排速冻在江面上,随着后续降雪、风化江面则会逐渐平坦(图2.26)。

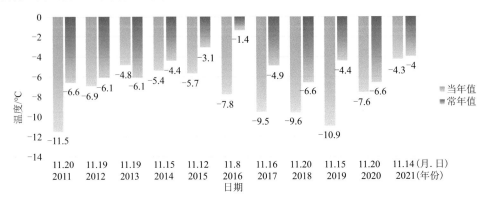

图2.25　松花江哈尔滨段封江时段平均气温

图 2.26　松花江哈尔滨段封江

随着松花江哈尔滨段封江,江水冻结成冰,并由于气温逐渐降低,冰层逐渐加厚,在哈尔滨市松花江公路大桥西侧的江面上,一声声吼声随着江风传来,哈尔滨冰雪大世界采冰节正式启动,哈尔滨冰雪大世界的采冰工作也正式拉开帷幕。采冰节一般在每年的大雪节气举办,此时日平均气温低于−10 ℃,近 10 年哈尔滨冰雪大世界采冰时段平均气温为−14.7 ℃(图 2.27),松花江哈尔滨段冰层厚度达 30 cm 左右,符合采冰标准。

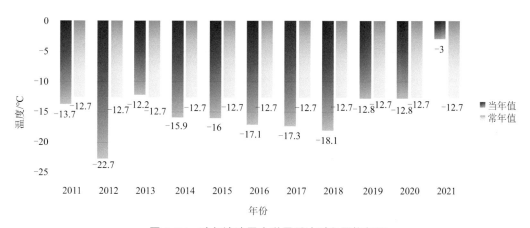

图 2.27　哈尔滨冰雪大世界采冰时段平均气温

采冰人是以采集冰块为职业的人员。这是因为需要在冰封的江上大量采集冰块而催生的一个行业(图 2.28)。采冰人需要特别能吃苦耐劳和独有的防范危险的技术,是中国传统三行(即木工、木头、木匠)之外的全新行业。

采冰节开幕现场,身着东北传统服饰的冰把头与 10 余名采冰大汉一起手持酒碗,演绎了传统采冰仪式中的敬天、拜地、拜河神。采冰者以供奉的猪头肉、烧鸡、馒头和白酒,向河神祈愿今冬平安、收获。随着鞭炮声响起，采冰汉子们拿起冰镐、锯子等传统采冰工具开始采冰。

图 2.28　采冰人采冰现场

据介绍,哈尔滨冰雪大世界采冰节这种古老的祭祀仪式再现了哈尔滨百年前的采冰仪式。在采冰现场,冰面上已经切割好了四四方方、规规整整的线条,取冰的工人们站在冰排上,用手中的圆锯把冰块分割开来(图2.29),再由人力拖拽到冰面上,最后由叉车装上运冰车送往冰雪大世界园区。据悉,采出来的每一块冰都要大小一致、薄厚适度、晶莹剔透,经过严格的审查检验,合格的冰块才会运送到园区进行工程建设,进而雕琢出绝美的冰雕。

图 2.29　哈尔滨冰雪大世界采冰现场

每年12月份,哈尔滨冰雪大世界和太阳岛雪博会建设进入火热期,为游客呈现更多冰雪之美,在松花江江面上每天都有近百名采冰人冒着严寒采冰,采冰技术人员以冰锯划线切割,用冰镩子开冰,最后将冰块缓缓拉出水面,按照固定规格切割装车,采上来的冰大概有40 cm厚,冰雪大世界采用的冰材是松花江流动的水冻成的冰,这样的冰通透性效果更好,在阳光照耀下晶莹剔透,采上来的这些冰马上就将送往哈尔滨冰雪大世界,制作成美轮美奂的冰雪景观,在这里,每天会有1000车次5000万 m³ 的冰块送往冰雪大世界园区。

开幕

哈尔滨冰雪大世界历年开幕时间为每年年末12月24日左右,近10年开幕式当天平均气温为-16.9 ℃(图2.30),常年平均气温为-16.3 ℃,气温较低有利于冰灯雪雕等冰雪景观的固定和维持,12月—次年2月哈尔滨平均气温均为-10 ℃以下,这是哈尔滨冰雪景观的观赏最佳时段。

2021年第二十三届哈尔滨冰雪大世界(图2.31)以"冬奥之光 闪耀世界"为主题,通过壮观美丽的冰雪景观传递冰雪冬奥精神,这届哈尔滨冰雪大世界冰景建设面积为28.5万 m²,比上届增加了2万 m² 之多;主塔高度也创历史之最,达到42 m之高,相当于14层楼;景观数量

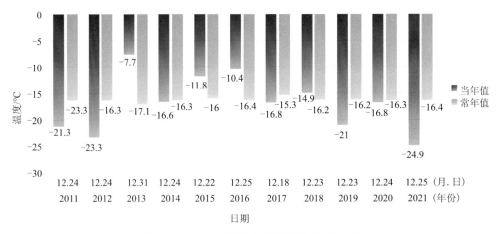

图 2.30 哈尔滨冰雪大世界开幕式平均气温

也由上届的 56 个增加到 65 个。除了令人惊艳的景观外,活动设计也更为丰富。从采冰伊始直至春节,园区各类活动不停歇,各种演绎活动将累计达到 3500 场,为所有时段来到冰雪大世界的游人营造欢乐的氛围。第二十三届哈尔滨冰雪大世界,以天然之冰体讲述冬奥的故事,借冰建的声光动感带你感受冬奥的魅力,深度还原曾经的冬奥主办国的异域精彩,六大冬奥主题分区,献礼 2022 年北京冬奥会。

图 2.31 2021 年冰雪大世界

2.4.4 亚布力滑雪场

2.4.4.1 地理位置

亚布力滑雪旅游度假区是国家 4A 级景区,中国最大高山滑雪胜地,位于黑龙江省哈尔滨市尚志市亚布力镇西南 20 km,距哈尔滨市 193 km,距雪乡 88 km,距牡丹江市 120 km,301国道支线直达景区。亚布力原名亚布洛尼,即俄语"果木园"之意,清朝时期曾是皇室和满清贵族的狩猎围场。

亚布力滑雪旅游度假区由长白山脉张广才岭的 3 座山峰组成,即海拔 1374.8 m 的主峰大锅盔山、海拔 1258 m 的二锅盔山和海拔 1000 m 的三锅盔山,占地面积 2255 hm²,是中国最大、功能最全的综合性滑雪场。其滑梯位于海拔 999.9 m 的锅盔山上,沿着山坡延伸,全长2680 m,落差 570 m,有 48 个弯道,是世界上最高的滑雪场。这里,春、夏、秋、冬景色各异,春花、夏绿、秋黄、冬雪,美不胜收。站在山巅俯瞰美丽的森林和雪原,林海松涛、雾凇雪韵、冰挂晶莹,一派北国风光,不愧被称为"中国的达沃斯"。亚布力滑雪场与哈尔滨市区有高速公路和铁路相连接,同时也是我国南极考察训练基地。

亚布力滑雪旅游度假区平均海拔是 444 m,小说《林海雪原》中的故事就发生在这里。亚布力风车山庄(亚布力滑雪中心)占地 240 hm²,最高海拔 1000.8 m。这里山形地貌独特,雪质丰厚,硬度适中,积雪期长,积雪最深可达 1 m 以上。

风车山庄滑雪场主峰为三锅盔,雪质优良,年积雪期为 170 天,滑雪期近 150 天。虽然正常气候下每年 11 月中旬即可开始滑雪,直到次年 4 月中旬,但是受无风期的影响,每年的 12月和 2 月底到 3 月中旬才是最佳滑雪期。

亚布力滑雪场拥有先天的优势,坐拥独一无二的山体,超过 1000 m 的落差远超于其他已经具有滑雪资源的城市,这也决定了亚布力滑雪场是全国最高水平的滑雪场,也有条件成为滑雪度假的目的地。

山体落差大,雪道的长度自然就更有优势。亚布力滑雪场雪道全国最长,有些城市的滑雪场只有 200 m 左右,挑战性和娱乐性都不高,体验几次后滑雪爱好者自然兴趣大减。在亚布力,可以花上 3 天、5 天甚至更久,当把亚布力"三山联网"都滑过来的时候,才能感觉到这里的山真的非常美。

2.4.4.2 气候特征

亚布力纬度较高,它东临太平洋,又位于地球上最大的陆地——欧亚大陆的东部,因此形成了它独特的中温带大陆性季风气候。哈尔滨尚志地区常年平均气温为 3.8 ℃,月平均最高气温为 10.2 ℃,月平均最低气温为 −1.9 ℃,月平均风速为 2.5 m/s,月最大风速为 13.9 m/s。积雪期为 120 天左右(10 月—次年 4 月)。植物生长旺季是 6 月、7 月、8 月 3 个月份,这期间的平均气温是 21.1 ℃,降雨量为 407.1 mm。这样的气候非常有利于果树的生长,因此就有了"果木园"这个名称。

亚布力雪山山高林密,海拔高度 137.4 m。尚志气象站常年冬季月平均气温为−6.5 ℃(图 2.32),月平均最高气温 0.15 ℃,最低气温为 −12.5 ℃,其中,10 月平均气温为 5.5 ℃,最高气温可达 10 ℃ 以上,最低气温为 −0.1 ℃;11 月平均气温降至 0 ℃ 以下,为 −5.7 ℃,常年平均最高气温为 0.1 ℃,最低气温降至 −10 ℃ 以下;12 月平均气温为

−15.8 ℃,最高气温为−9.8 ℃,最低气温降至−20 ℃以下;1月为全年气温最低月份,平均气温为−18.7 ℃,最高气温也在−10 ℃以下,最低气温为−24.5 ℃;2月气温回升,但平均气温依旧在−10 ℃以下,最低气温在−20 ℃以下,最高气温为−6 ℃;3月平均气温升至−3.8 ℃,最高气温升至0 ℃以上,最低气温−10.1 ℃;4月气温普遍回升至0 ℃以上,常年月平均最高气温可达13.3 ℃。尚志气象站常年冬季月平均风速(图2.33)为2.6 m/s,冬季平均最大风速为13.9 m/s,冬季各月平均风速变化不大,且平均风力均在2~3级,风速不大,进行户外游玩时,体感较舒适,尤其在滑雪运动时,风力小,风吹雪现象少,能见度较高,利于滑雪运动的安全性的稳定。冬季山下积雪深度为30~50 cm,山上积雪厚达1 m左右,雪质优良,硬度适中。尚志气象站累年冬季平均最大积雪深度(图2.34)为37.4 cm,10月积雪深度为27 cm;11月积雪深度为全年最大值64 cm;12月、1月积雪深度为37 cm;2月积雪深度为40 cm;3月积雪深度为48 cm;4月积雪深度最少为9 cm。统计常年年积雪期(图2.35)可以看出,累年月积雪深度≥1 cm的天数为109.6天,其中10月日数最少,11月为12.5天,12月开始至2月为滑雪最佳时段,1月日数最多为29.9天,4月气温回升,积雪日数为1.1天;累年月积雪深度≥5 cm的天数为80.6天,其中1月最多,为24.7天,10月、4月最少为0.1天;累年月积雪深度≥10 cm的天数为56.1天,1月最多19.6天,4月为0;累年月积雪深度≥20 cm的天数为17.2天,2月日数最多为5.6天,1月次之为5.4天;累年月积雪深度≥30 cm的天数为7.9天,其中1月日数最多为3天,2月次之为2.4天。由于亚布力滑雪场海拔高,且山林环绕,整体气温较尚志站偏低,积雪期偏长,滑雪场结冻期在10月下旬,解冻期在4月上旬。平均积雪厚度为38.26 cm,高山雪区可达60 cm以上。这里积雪期为每年的11月至第二年4月,亚布力白天气温−20 ℃左右。雪质为粒状雪,积雪期为170天,滑雪期120天,积雪最深可达1 m以上,没有污染,滑度好,是我国开展竞技滑雪和旅游滑雪的最佳场所。

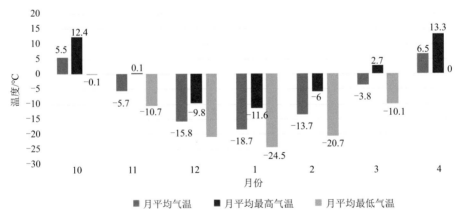

图2.32 亚布力常年冬季平均气温逐月分布

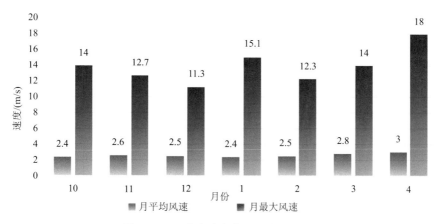

图 2.33　亚布力常年冬季风速逐月分布

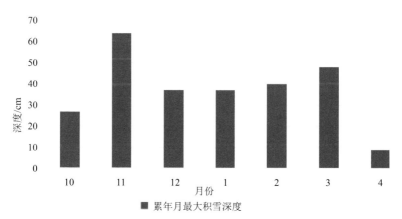

图 2.34　亚布力累年冬季月最大积雪深度逐月分布

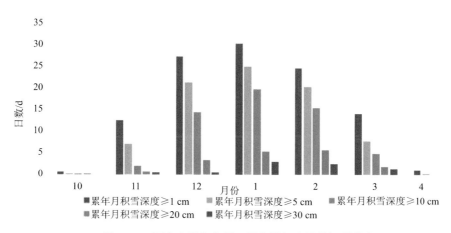

图 2.35　亚布力累年冬季不同积雪深度日数逐月分布

2.4.4.3　滑雪度假

一天当中不同的时间,雪质也呈现出不同的状态:

在清晨时,雪质呈现冰状雪形态,表层有一层薄的硬冰壳,这种雪质的表面对于滑雪板的摩擦力非常小,滑雪板无须打蜡,滑雪速度很快,滑雪者要有一定的滑行技术。

上午 10 时以后,随着温度的升高、阳光的照射,雪的表面慢慢融化,呈粉状雪形态,这种雪对滑雪者来说感受最好,不软不硬,滑行舒适。

下午,在阳光的照耀下和雪板的不断翻动下,雪质呈浆状雪形态,雪质发黏,摩擦力增大,初学者在这种雪质上滑雪较容易控制滑雪板。技术好的滑雪者可以在滑雪板的底面打蜡,以减小滑行阻力。

天然雪

天然雪分为冰状雪、粉状雪、浆状雪等,凌晨的时候天气较冷气温较低,雪的凝固程度较高,雪质硬,类似冰碴的感觉,滑起来抓地效果不好,但速度较快,板子不用打蜡。太阳升起来后,冰状雪降温情况下雪景由粒状转化成戎状,成为粉状雪,此时雪质最好,柔绵,最适合雪板做各种动作。到了下午,地表温度最高,粉状雪溶解成为浆状雪,雪开始黏板,滑度降低阻力较大,较适合初学者。

人工造雪

人工降雪是在自然雪量不够的情况,人工使用造雪机,用水造雪,造出来的雪多为冰状雪,无法达到粉状雪的程度,这也是人工降雪难以比拟天然雪的地方。优点是受天然降雪影响较小,缺点是成本昂贵,且需要大量的电力和水,浪费资源,大量造雪也会对当地水资源生态造成影响。

人工降雪的成本极高,造雪机每台将近 100 万元,另外每 1 t 水只能造出 2 m^3 的人造雪,1000 亩* 的雪场一个雪季需要 10 亿 m^3 的水,对水资源是极大的浪费,对雪场附近的生态环境,特别是地下水引起的生态影响比较大。另外,造雪机的功率在 2000 kW 左右,工作 1 天的情况下需要消耗 480 度电,大型雪场每天数十台造雪机连续造雪,每月消耗电量 70 多万度,资源消耗巨大,成本非常高。

大型的滑雪度假村大多建立在具有天然雪优势的山区,除了地形优势外,高海拔对天然雪更加有力,但环境变暖,除了中国最北部如哈尔滨、满洲里等地,其他地区均需大规模的人工降雪,在北京、河北、山西等地甚至需要以人工降雪为主,天然降雪数量非常少,不足以支撑滑雪场的用雪量。

1996 年的第三届亚洲冬季运动会使亚布力声名鹊起,并逐步发展成为中国最大、设施最先进、条件最为优越的雪上运动场所。2009 年,作为第 24 届世界大学生冬季运动会雪上项目的承办地,亚布力再度聚焦世界目光。

2009 年第 24 届世界大学生冬运会,除单板滑雪和冬季两项以外,所有雪上项目(高山滑雪、越野滑雪、跳台滑雪、北欧两项和自由式滑雪)的比赛均在亚布力滑雪场进行。

经过 6 年不断的开发和建设,亚布力滑雪场已成为我国最大的国际级旅游滑雪场。世界旅游组织官员、法国滑雪场规划专家皮埃尔先生曾说:亚布力的雪资源和生态环境资源是中国建设滑雪场最好的地方。

---

* 1 亩≈0.067 hm^2,下同。

2012年12月1日,黑龙江省体育局亚布力滑雪场5 km高山雪道全线贯通,作为亚洲最长的滑雪道,该雪道由大锅盔山顶1374.8 m处为起点,至竞赛指挥中心为终点,全线总长度5000 m,垂直落差913 m。

现在亚布力已成为春季观光、夏季避暑、秋季狩猎、冬季滑雪的旅游胜地。

无论从雪道的数量、长度、落差还是其他各项滑雪设施及综合服务水平来看,亚布力滑雪场都远远胜于国内其他的滑雪场,它无疑是中国最好的滑雪场。这里是开展竞技滑雪和旅游滑雪的最佳场地,曾于1996年成功举行了第三届亚洲冬季运动会的全部雪上项目,这里还是中国企业家论坛年会的永久会址,被誉为"中国的达沃斯"。

旅游滑雪区即风车山庄,是由中国国际期货经纪有限公司作为发展商投资兴建的世界级旅游滑雪胜地和四季度假山庄,全年对海内外游客开放。1996年2月,它曾作为第三届亚洲冬季运动会亚布力运动员村接待过来自亚洲各国雪上运动健儿和国内外游客。

亚布力旅游滑雪场(中美合资)为中国第一座符合国际标准的大型旅游滑雪场,拥有高、中、初级滑雪道15条,越野滑雪道一条,总长度30 km,旅游滑雪缆车3条,拥有由德国引进的世界最长的2680 m夏季滑道(旱地雪橇),为游客提供高山滑雪、越野滑雪、雪橇滑雪、雪地摩托、狗拉雪橇、马拉雪橇、湖上滑冰、堆雪人、雪地烟花篝火晚会等游艺项目,还设有儿童滑雪娱乐区和风车传统滑雪区。同时,设有雪具出租店和滑雪学校,山顶、山腰、山下设有多处酒吧、快餐店、购物中心、红十字救护站,以及国际国内长途电话及卫星电视等服务配套设施。

亚布力滑雪旅游度假区交通十分便利,距哈尔滨193.8 km,通行时间为2小时30分钟左右;距牡丹江机场20 km左右,通行时间为1小时30分钟左右。哈尔滨直通亚布力的"滑雪场高等级公路"现已经开通,游客度假休闲极为快捷、方便。

滑雪,要的是飞驰的感觉,虽然速度是第一基础,但滑雪过程中山景和沿途景观的可观赏性对滑雪爱好者的吸引力更大。现在很多滑雪爱好者已经开始对滑雪场周边的"配套"景色有很高的追求,而亚布力本身就是一个著名景区,有着自然独特的优势。

20年前,中国企业界的精英们走进亚布力,开创了亚布力中国企业家论坛。这个论坛已经成为极具影响力的企业家思想交流平台,亚布力作为中国企业家论坛永久会址,被誉为"中国的达沃斯"。亚布力,从中国大众滑雪发祥地到中国企业家论坛永久会址,经典传承与转型创新不断交织,为这座北方小镇——世界级滑雪度假胜地注入源源不断的生命力。就像宣传亚布力的广告语中写的那样,现在亚布力是:"中国达沃斯、世界亚布力"。

2.4.5　雪乡

雪乡位于黑龙江省牡丹江市辖下海林市(长汀镇)大海林林业局双峰林场,占地面积500 hm²,整个地区海拔均在1200 m以上。雪乡原名双峰林场,它位于牡丹江西南部海林市大海林林业局内,距离牡丹江170 km,距离哈尔滨280 km,是张广才岭与老爷岭交汇之处,公路交通方便,这里的雪量大、雪质黏、雪期长,有"天无三日晴之说",特殊的地理位置和气候条件使雪乡的雪资源得天独厚。由于受老秃顶子山、大秃顶子山、云龙山3座高山阻隔,北上的日本海暖湿气流与南下的贝加尔湖冷空气在此频繁交汇,形成了降雪丰富的独特小气候。每年10月开始降雪至次年4月,降雪期长达7个月。年平均降雪量2.6 m,最高近4 m,雪量堪称中国之最,且雪质好,黏度高,素有"中国雪乡"的美誉。1月、2月、3月、11月、12月,雪乡全天开放。春节期间,家家户户张灯结彩,喜庆气息扑面而来;家家户户炊烟袅袅,屋里热气腾腾,雪乡的烟花映衬着白雪覆盖的房顶,仿佛童话般的世界。

　　双峰林场地势低洼,周边为山,且北部群山高于南部的山岭,日本海的暖湿气流与西伯利亚南下的冷空气在此交峰,在这个海拔不高的小山区形成丰沛的降雪,山区小气候使积雪经久不化,把这里变成了"雪盆"。特殊的地理位置加上夏季充沛的降雨,使这里的冬季降雪早,雪期长,是我国降雪最大的地区之一。每年9月末,纬度比它高的地区还是秋风飒爽,这里便开始下雪,雪下到最大时,一次降雪可达1m深,降雪期长达9个月,积雪期足有7个月,于是才有了我们眼前这个千姿百态的天然雪景。

　　雪乡地处长白山脉张广才岭与老爷岭交汇的一个山坳凼凼里,有四面的山挡着各种强风。雪乡的雪不是"落下"的,而是飘来的,而且这儿的雪细腻,飘来的雪"你挨着我我靠着你",似"抱团取暖"的样子,雪一直飘,"团一直抱",久而久之,就成"雪蘑菇""雪豆腐""雪鹅蛋""雪水果糖""雪蚕丝被"等形状了,如图2.36。从图2.1黑龙江省累年冬季平均降雪量空间分布可以看到,雪乡地区降雪量偏大,常年平均降雪量在150～170mm,而从逐月分布(图2.3)可以看出,雪乡位于黑龙江省西南部,降雪量整体偏多,同时对比降雪日数分布(图2.4),雪乡地区是降雪日数大值中心之一,略少于大兴安岭以及虎林地区。但分析冬季气温条件(图2.6),黑龙江省雪乡地区较虎林、大兴安岭等降雪量大的地区气温偏高,即雪乡地区既有较大降雪量的同时,气温相对不低,则体感温度相对舒适,更适合户外赏雪游玩。

图2.36　雪乡雪景

　　羊草山上的日出更是一种神奇的梦幻世界。白雪、红日、雪松、祥云完美地结合在一起,构成了一幅美丽圣洁的图画。

　　雪乡为什么会有如此好的雪景呢?南下的西伯利亚冷空气,在这里遭遇了北上的日本海暖空气。众所周知,在中国大陆这两股冷暖空气的交汇往往就能够形成降水。更何况,它们在这里频繁交汇,再加上雪乡四周山高林密的区域小气候,从而使得这里"夏无三日晴,冬雪漫林间"。东北本来就有很漫长的冬季,每年10月份开始,西伯利亚冷空气和日本海暖湿空气交汇后,雪乡就开始下雪了,这一场雪下下停停,一直要持续到次年4月,高耸的大秃子山又挡住了西北风的侵扰,让这里的雪"安安静静地待"4个月,不被风带走一粒。

"忽如一夜春风来,千树万树梨花开",这两句虽然没有一个雪字,却是自古以来最美丽的雪景描述,已经成为千古名句。我们在日常生活中的确有时候可以看到这样的雪景,但是并非每次降雪都会出现,这种盛景是可遇而不可求的。因为降雪时的气候是千变万化的,"雪若梨花"的美景必须有合适的气象条件相配合。"凡草木花多五出,独雪花六出",我们知道雪花是六角形的,这是因为雪花是由小冰晶凝结增长形成的,而冰分子以六角形最多,因此单瓣雪花也多是六角形的。关于雪花的六瓣形状,唐诗中也有记述,唐代武将出身的诗人高骈就写过一首《对雪》,诗云:"六出飞花入户时,坐看青竹变琼枝。如今好上高楼望,盖尽人间恶路岐。"由此可见,早在唐代,人们就已经认识到了雪花的六瓣形状。

我们肉眼能看到的雪花,大多是多瓣雪花的聚合体,而雪花聚合的大小和飘落的性状则是由当时的温度、湿度和上升气流三方面因素决定的。空气温度越高,湿度越大,上升气流越强,越容易形成大雪花。当高空温度也就是凝结雪花的温度在0 ℃以下,但又不太低的时候,一般是在$-7\sim-5$ ℃,雪花的黏性大,同时,水汽越丰沛,空气越湿,越利于大雪花的形成;上升气流的强弱也非常重要,上升气流越强,越能承托住雪花,使其在空中上下翻腾,雪花间不断碰并黏合,形成大雪花的概率就进一步增大。李白的《北风行》中说"燕山雪花大如席,片片吹落轩辕台",这样的鹅毛大雪在塞外的初冬时节和冬末春初时节最容易看到。但是纷纷扬扬的大雪要形成"千树万树梨花开"的盛景,还需要最后一个条件的配合,那就是风力要足够小。降雪同时,风力微弱甚至无风,这样雪才有机会黏附于树枝,如果风大,雪被直接吹落,就看不到"梨花满枝"的景色了。所以,岑参写的"忽如一夜春风来"完全是一种修辞手法,比喻如同春风吹开了梨花,来强化雪似梨花的景象,而实际的情形是微风或无风条件才行。雪乡地区冬季温度相对较高,空气温度从低到高变化不大,都相对较暖;空气湿度较大,风力小,地面风仅在1~2级。多方气象条件"联手",形成了雪乡一带在瑞雪过后,常常会呈现出"梨花盛开"的美景。研究表明,当高空温度很低,特别是低于-20 ℃的时候,由于空气更加干冷,雪花凝结得很小,互相间的黏附力也非常小,这种降雪就如沙似盐,李贺的诗句"大漠沙如雪,燕山月似钩",虽然是用雪来形容大漠荒沙的,但隆冬气温极低的时节,确实可以见到如沙之雪。这样的雪也很难挂附于树枝的枝干上,因雪的密度大,落在地面上会非常紧实,形成的积雪深度相对于高温高湿的同等降雪量来说要浅得多,这样的降雪,在北方的隆冬时节比较常见。

到雪乡有哪些好玩的呢?第一个答案当然就是雪,你可以在这里玩到一切与雪有关的游戏,堆雪人、打雪仗、狗拉雪橇、马拉雪橇、冰上陀螺、滑雪、玩雪圈、泼水成冰等,只有你想不到,没有这里所没有的雪上游戏。除了玩雪,你还可以赏雪,你可以看到最美的雪景。根据当地人的说法,雪乡是这一带最漂亮的雪,离开雪乡10 km的范围所看到的雪已经就失去了雪乡的魅力了,前往雪乡和离开雪乡的路上,你也会发现越靠近雪乡,雪越厚越漂亮,越远离雪乡,雪越薄越褪色。走进雪乡,家家户户的房子都被白雪装饰成一个纯白的世界,仿佛童话国度,几乎每栋小木屋前边都挂满了红灯笼,让茫茫白雪有了一丝喜庆的点缀。夜晚到来,家家户户打开灯笼的时候,梦幻世界来临了,门前的大红灯笼亮起来了,屋子里的各色灯光从窗户上"偷偷跑出来",将整个雪白的世界点缀成了一个七彩童话,来一场"雪地穿越"更是不可或缺的;通过穿越彻底走进一个莽莽雪原,在穿越途中你可以尽情在雪地里"撒欢",无所顾忌,因为每一个来到莽莽雪原的人,都是孩子,一切烦恼早已被雪原深深覆盖,他们眼中的世界就如这雪原一般纯洁。

2.4.6　特色旅游专项气象服务

在大红灯笼的映衬下,洁白的雪花在暮色中飘落,让穿着"雪衣"的房屋和松树更添生机,来自海内外的游客在这个"童话世界"里追逐嬉闹……入冬以来,这样的场景几乎每天都在黑龙江省牡丹江海林双峰林场的"中国雪乡"上演。

正值黑龙江一年最美之时,哈尔滨冰雪大世界、大兴安岭"北极"圣诞、齐齐哈尔雪地观鹤、牡丹江秘境冰湖……冰天雪地给各地游客带来无尽欢乐,更逐渐成为黑土地人民名副其实的"聚宝盆"。自习近平总书记提出"冰天雪地也是金山银山"以来,黑龙江努力挖掘冰雪资源宝藏,在东北经济奋力转型中劲吹冰雪旅游、冰雪产业的"白色旋风"。在黑龙江这一全国冰雪第一大省,千百年来被视作劣势与短板的冰雪与寒冷,正在冰雪经济的火热发展中孕育着新生机。

让冰天雪地"聚宝盆"焕发异彩,气象服务这把"料"至关重要。如何更好地服务于冰雪资源开发利用、有针对性地开展冰雪气象保障服务?黑龙江省气象局局长潘进军思路明确:要围绕冰雪旅游和冰雪发展作好规划,纳入气象"十四五"发展重点内容,开展精细化冰雪气象服务,努力做出特色做出品牌。

2.4.6.1　结合独特优势统筹规划突出精细化服务

黑龙江是我国冰雪资源最密集的省份,入冬时间早、气温低、积雪时间长、降雪量大等气候特点,赋予其发展冰雪旅游和冰雪产业的独特优势。

聚焦这一优势,黑龙江省气象部门加强统筹规划,从积雪、暴雪日数、气温、地温等方面对全省冰雪旅游气象条件进行综合分析评估,为省委、省政府提供决策支撑。同时,面向冰雪旅游的精细化预报、旅游景点预报等产品不断推出。气象部门还开展了全省1046个乡镇站点未来24小时逐1小时定量降水产品预报,增加72小时逐3小时、6小时、12小时定量降水预报产品。

黑龙江省气象局加强预警发布能力建设,开展冬季暴雪、寒潮等对冰雪旅游影响较大的天气过程的监测预报预警;加强部门间信息共享,积极推动与旅游、交通等部门在各景区、各主要公路沿线的实景监控信息共享;与三大通信运营商建立了手机短信发布绿色通道,第一时间发布预报预警信息,让游客享受安全、舒适的冰雪旅游。

通过参与冰雪旅游规划与建设,气象服务全方位融入冰雪旅游发展。在有着"林海雪原"美誉的牡丹江,气象部门积极参与牡丹江"雪乡"建设,每年冬天重点针对降雪量、积雪深度等方面开展预报服务。在哈尔滨,市气象台从封江开始就为冰雪大世界建设指挥部提供封江日期、采冰时段、建设周期、冰雪景观维持时间等精细化预报。在多方努力下,"哈尔滨—亚布力—雪乡"正成为我国冬季最火热的冰雪旅游线路。

瞄准冰雪赛事开展针对性服务

亚布力拥有亚洲首屈一指的多等级雪道,自从连续举办世界顶级单板滑雪赛事以来,声誉逐渐走出国门,成为黑龙江冬季旅游的"金名片"之一。

冰雪赛事对气象条件和相应的精细化服务要求极高。随着近年来黑龙江冰雪赛事的增多,为赛事开展针对性气象保障服务成为重中之重。

在高山项目比赛中,山上降雪量一般比山下大;三面环山的赛道风力通常较小,风向单一……通过充分利用数值预报模式、对比预报检验、历史资料分析等,黑龙江省气象部门找出了不同赛道各自的特殊性,并据此开展有针对性的预报服务。

冰上赛事的要求则更为苛刻。在哈尔滨冰上基地速滑馆,每天一开馆,气象服务人员就要及时向组委会及裁判长提供包括冰面温度、室内温度、湿度、室内大气压、冰面海拔高度在内的速滑现场气象信息专报和哈尔滨市72小时气象信息预报,开赛前5分钟、比赛结束前5分钟提供现场冰面温度、冰底温度等五要素信息专报。同时,气象服务人员还要在冰场浇冰后测量冰面温度,绘制温度曲线,并总结制冷剂交换点的气象信息,使冰场工作人员第一时间了解冰面温度信息,更精确地调节制冷设备、控制温度。

2.4.6.2 清冰雪、防流凌,强化防灾减灾服务

在冰雪气象服务中,黑龙江省气象部门不仅服务于"趋利",更助力"防灾"。

冰雪旅游离不开畅通的交通条件,而黑龙江每年冰雪旅游最火热、人流车流最集中的冬季,恰恰也是降雪最集中、对交通等方面安全挑战最大的时节。

哈尔滨市委、市政府在全国率先建立了"以雪为令"的城市清冰雪机制,气象服务在其中起到了重要作用。准确把握降雪开始与终止时段,提供给清冰雪指挥部的预报信息,成为上千台大型清冰雪机械与近万名城管职工的"发令枪",气象部门与城管、公安、交通等诸多部门配合打造出哈尔滨"雪停即清"的城市品牌。齐齐哈尔、牡丹江、伊春等旅游城市纷纷效仿,雪后脏乱差的局面得到极大改变。

黑龙江省气象局还积极开展秋冬季流凌监测及预防,为打通东北亚"江海联运"大通道提供精准保障。由于黑龙江省水上运输季节性强、波动性大,船只需充分利用从流凌发生到江河封冻的5~20天安全返回船坞。为此,黑龙江省气象服务中心每年都会给省航道局提供专项服务,除常规预报及旬、月、季、年预测外,重点开展开封江预报及流凌监测。每年10月初,气象部门及时向社会发布黑龙江、松花江、乌苏里江、嫩江四江20余个水文6029 km航道的流凌预报,为航运部门科学合理利用时间延长畅流期提供科技支撑。

在黑龙江省气象局应急与减灾处的组织协调下,黑龙江省气象局专业服务科创新产品形式,发布冬季旅游专题气象服务产品——《哈尔滨—亚布力—雪乡沿线交通天气及景区预报》(图2.37),从2020年11月28日至2021年3月8日,共发布旅游专报101期,该服务产品预报精细化、图文并茂,为黑龙江省冰雪旅游提供助力。2021年3月13日超级定点滑雪公开赛在黑龙江省亚布力滑雪场召开,黑龙江省气象局专业服务科为赛事提供精细化、全方位的气象服务。本次服务提前两天预测出比赛当天清晨有轻雾或霾,能见度下降,为赛前筹备工作提供了精准的专业气象预报。赛事当天,又提供了预报内容丰富、服务方式新颖的服务产品。专项服务产品通过微信公众号发布的《三山朝圣,激情四射:亚布力站气象服务来啦》呈现给公众,精准的气象服务受到赛事承办单位的好评。11月,黑龙江省气象局专业服务科与亚布力滑雪旅游度假区建立探索性、尝试性合作,为其制作《亚布力滑雪场2021年首滑气象服务专报》2期(图2.38),包含滑雪场景区预报和天气关注建议;自11月27日首滑日正式开始后,每日制作滑雪场未来24小时逐时气象要素预报产品,为其提供精细化服务保障。雪场自12月5日虽然暂停开放,但气象服务一直在持续当中。

旅游气象服务

黑龙江省气象服务中心　　第 101 期　　2021 年 3 月 8 日

哈尔滨-亚布力-雪乡沿线交通天气及景区预报

一、交通预报（3 月 8 日 11 时—3 月 9 日 20 时）

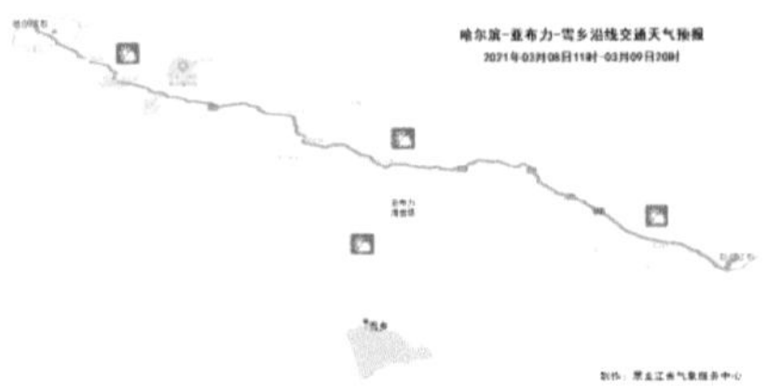

哈尔滨-亚布力-雪乡沿线交通天气预报图

日期	路线名称	天气	能见度	最高气温（3 月 8 日）	最低气温（3 月 8 日）	最高气温（3 月 9 日）
8 日下午 9 日白天	哈牡高速	晴转多云	好	5℃~7℃	-8℃~-7℃	4℃~5℃
8 日下午-9 日白天	亚雪公路	多云	好	4℃~5℃	-10℃~-6℃	1℃~4℃

二、　景区预报（3 月 8 日 11 时—3 月 9 日 20 时）

日期	景区名称	天气	最高气温（3 月 8 日）	最低气温（3 月 8 日）	最高气温（3 月 9 日）
8 日下午-9 日白天	哈尔滨市区	晴转多云	6℃	-7℃	4℃
8 日下午-9 日白天	尚志市	晴转多云	7℃	-8℃	5℃
8 日下午-9 日白天	亚布力旅游度假区	多云	4℃	-6℃	1℃
8 日下午-9 日白天	横道河子镇	晴	5℃	-8℃	4℃
8 日下午-9 日白天	雪乡风景区	多云	5℃	-10℃	4℃
8 日下午-9 日白天	牡丹江市区	晴	5℃	-8℃	4℃

三、　逐 3 小时气温与风力预报（3 月 8 日下午—3 月 9 日白天）

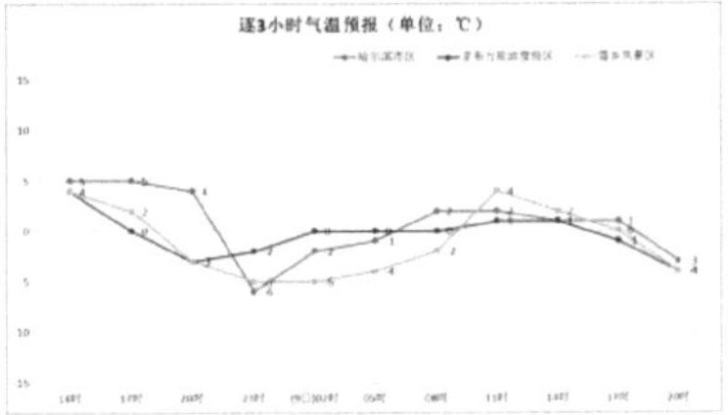

主要景区逐 3 小时气温预报图（单位：℃）

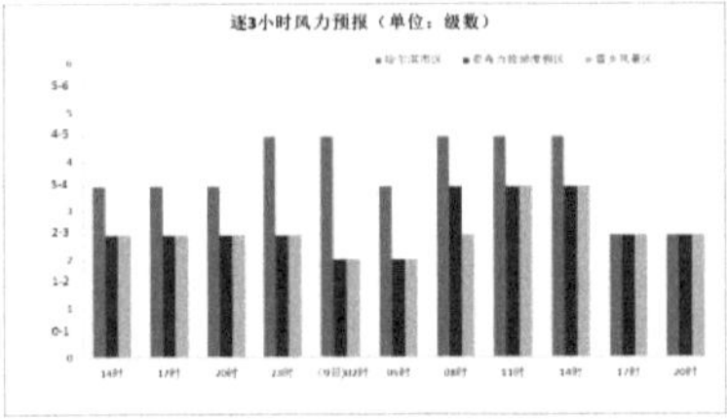

主要景区逐 3 小时风力预报图（单位：级数）

四、　未来一周主要景区天气

景区名称	9 日	10 日	11 日	12 日	13 日	14 日	15 日
哈尔滨市区	多云转晴	多云	多云	晴	晴	多云	多云转阴
亚布力旅游度假区	多云转晴	雨夹雪转多云	阴	阴转多云	多云转晴	阴转中雪	晴转阴
雪乡风景区	多云	小雪转多云	阴	晴转多云	阴转晴	晴转小雪	晴转阴

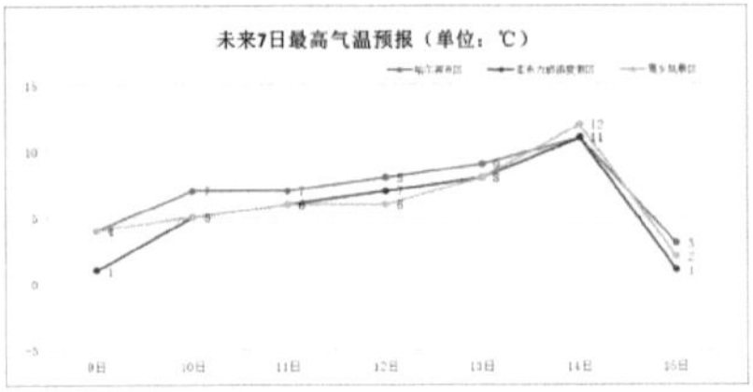

主要景区未来一周最高气温预报图（单位：℃）

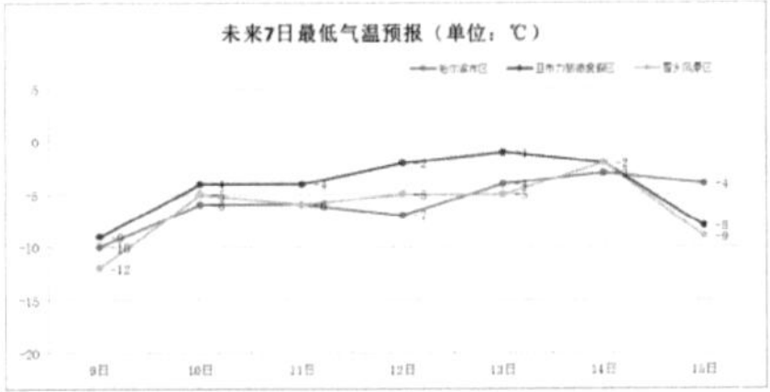

主要景区未来一周最低气温预报图（单位：℃）

五、　关注与建议

未来一周，哈尔滨-亚布力-雪乡沿线交通路段和主要景区以晴到多云天气为主，但亚布力旅游度假区、雪乡风景区 10 日、14 日有降雪天气出现，降雪将导致道路湿滑，能见度变差，提醒出行的游客关注路况，行车时减速慢行，注意交通安全。未来一周，前期气温整体呈持续回升态势， 14 日各景区的最高温均可以达 10℃以上，14 日后气温将大幅下降。天气转暖，提醒游客朋友们出行游玩要根据温度情况合理调整着装。近期气温显著回升，要特别提醒各景点工作人员注意防范冰雪融化、高空坠冰等影响，做好游客的安全防护工作。

制作：高玲　　　　审核：闫敏慧

图 2. 37　哈尔滨—亚布力—雪乡沿线交通天气及景区预报

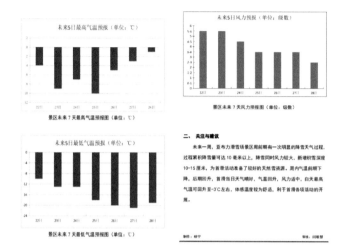

图 2.38　亚布力滑雪场 2021 年首滑气象服务专报

黑龙江将发挥冰雪资源优势,争做"三亿人参与冰雪运动"主战场和排头兵。迎着冰雪旅游发展大潮,黑龙江省各级气象部门将继续积极行动,为打造更加优质的冰雪气象服务而努力。

第3章

黑龙江省夏季避暑气象旅游与气象服务

夏季旅游是以旅游行为发生的时间来划分的,指人们在夏季以休闲娱乐、放松身心、养生避暑等目的,前往另一地区,并做短期停留的活动。黑龙江省的夏季有着得天独厚的优势,山川、河湖、森林、湿地众多,生态环境质量较好,旅游气候资源丰富,开发应用了避暑、休闲、养生、康养、气象景观等气候养生资源,夏季旅游已经初具规模。

3.1 黑龙江省夏季气候特征分析

3.1.1 黑龙江省旅游气候季节划分

依据 2021 年颁布的黑龙江省地方标准《旅游气候季节划分》(DB23/T 3017—2021),选取黑龙江省历史资料完整的 11 个地市作为研究对象,对 1991—2020 年各地常年夏季各季节开始日期和时长(表 3.1)进行分析可知:黑龙江省大部地区常年夏季开始时间均为 5 月末至 6 月,其中西南部地区夏季开始时间较早,常年于 5 月下旬入夏,中东部大部地区均为 6 月上旬入夏,北部地区入夏时间较晚,一般在 6 月中旬;加格达奇、黑河和伊春地区由于夏季气温较低,无盛夏,鹤岗和鸡西进入盛夏时间为 7 月中旬,其他大部地区都于 6 月下旬至 7 月上旬进入盛夏;各地盛夏时间较短,持续到 7 月末至 8 月中旬就开始陆续进入夏末,北部地区至 8 月中下旬、南部地区至 9 月上旬整个夏季结束;各地夏季时长差距较为明显,西南部地区夏季最长,可达 100 天以上,中东部大部地区夏季时长为 81～94 天左右,西北部地区夏季时长最短,仅为 57～76 天。

表 3.1 1991—2020 年黑龙江省各地常年夏季各阶段开始日期和时长统计

站名	开始日期			夏季结束日期	夏季时长(d)
	初夏	盛夏	夏末		
加格达奇	6 月 19 日	/	/	8 月 15 日	57
黑河	6 月 10 日	/	/	8 月 25 日	76
齐齐哈尔	5 月 28 日	6 月 20 日	8 月 15 日	9 月 6 日	101
伊春	6 月 17 日	/	/	8 月 24 日	68
鹤岗	6 月 11 日	7 月 15 日	7 月 28 日	8 月 31 日	81
绥化	6 月 1 日	6 月 26 日	8 月 10 日	9 月 3 日	94
佳木斯	6 月 3 日	7 月 1 日	8 月 9 日	9 月 3 日	92

| 站名 | 开始日期 | | | 夏季 | 夏季 |
	初夏	盛夏	夏末	结束日期	时长（d）
双鸭山	6月5日	7月1日	8月12日	9月5日	92
哈尔滨	5月28日	6月21日	8月18日	9月7日	102
鸡西	6月8日	7月11日	8月7日	9月3日	87
牡丹江	6月5日	7月3日	8月14日	9月4日	91

通过《旅游气候季节划分》标准的划分，黑龙江省各地夏季以 6—8 月为主，是夏季旅游活动开展的主要时段。

3.1.2 气温特征

对 1991—2020 年夏季（6—8 月）黑龙江省气温观测数据进行分析：黑龙江省常年夏季全省平均气温为 20.7 ℃，气温分布具有明显的空间差异，自北向南逐渐升高，整体呈现西北低西南高的空间分布特征（图 3.1a）。

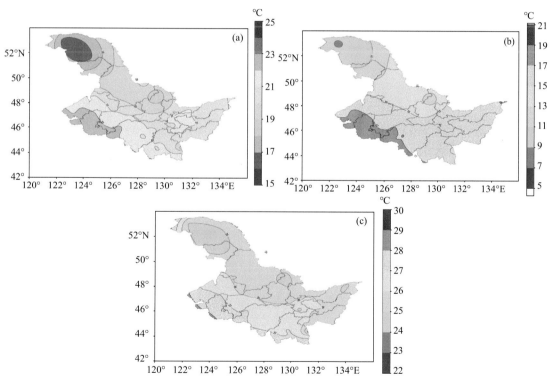

图 3.1　黑龙江省常年夏季平均气温空间分布
（a）平均气温；（b）最低气温；（c）最高气温

具体表现为：西北部的大兴安岭地区夏季平均气温最低，在 20 ℃以下，黑河大部和伊春北部地区夏季平均气温为 18～20 ℃，中东部大部地区夏季平均气温为 20～22 ℃，西南部地区夏季平均气温最高，可达 22～23 ℃。黑龙江省夏季平均最低气温空间分布（图 3.1b）与平均气温空间分布相一致，即自北向南，平均最低气温逐步升高。其中，大兴安岭、黑河和伊春北部地区夏季平均最低气温低于 15 ℃，中东部大部地区夏季平均最低气温为 15～17 ℃，西南部地区夏季平均最低气温可达17～19 ℃。黑龙江省夏季月平均最高气温空间分布(图3.1c)差异相对较小,南北部地区以26 ℃为分界线,北部最低可达24 ℃,南部最高可达28 ℃。

分析黑龙江省常年夏季逐月平均气温时间变化可知:入夏后,黑龙江省平均气温呈现先升后降的趋势,6月全省气温最低,月平均气温为19.6 ℃、平均最低气温13.9 ℃、平均最高气温25.4 ℃;7月全省气温升至最高,月平均气温22.3 ℃、平均最低气温17.5 ℃、平均最高气温27.4 ℃;8月气温有所下降,月平均气温20.4 ℃、平均最低气温为15.7 ℃、平均最高气温25.7 ℃(图3.2)。

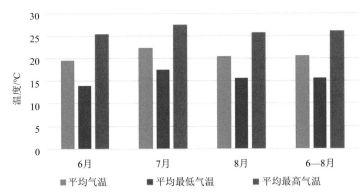

图3.2　黑龙江省常年夏季逐月平均气温、平均最低气温、平均最高气温统计图

分析黑龙江省常年夏季逐月平均气温空间分布可知:黑龙江省夏季各月平均气温的分布与季节分布特征均一致,即自北向南逐渐升高,整体呈现西北部为低值区,中东部大部地区次之,西南地区为高值区的空间分布特征(图3.3)。

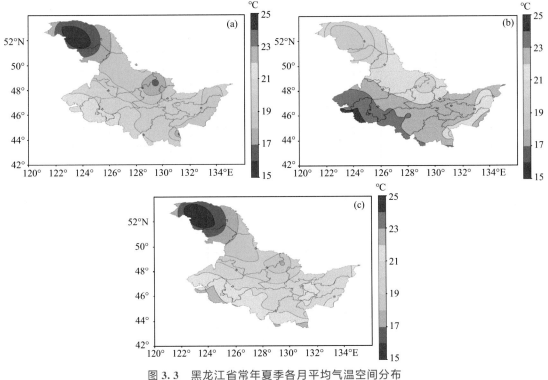

图3.3　黑龙江省常年夏季各月平均气温空间分布

(a)6月;(b)7月;(c)8月

分析黑龙江省常年夏季高温日数空间分布可知:黑龙江省夏季日最高气温≥35 ℃的日数很少,各地年均日数均不足 3 天,其中西部地区年均日数较多,可达 1～2 天,其他大部地区均不足 1 天(图 3.4a);黑龙江省常年夏季日最高气温≥30 ℃的日数也较少,各地年均日数均在4～28 天,其中,南部地区年均日数较多,可达 16～28 天,大兴安岭西部、中北部地区和三江平原东部年均日数较少,不足 12 天,其他地区年均日数 12～16 天(图 3.4b)。由此可见,黑龙江省夏季各地区较少出现极端高温的情况。

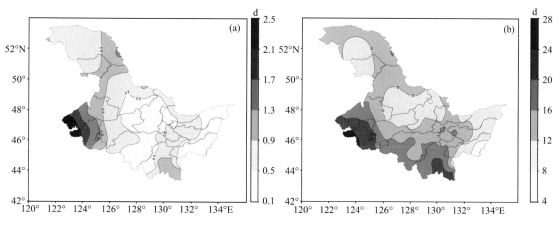

图 3.4　黑龙江省常年夏季高温日数空间分布

(a)最高气温≥35 ℃;(b)日最高气温≥30 ℃

3.1.3　降水量特征

对 1991—2020 年夏季(6—8 月)黑龙江省降水量观测数据进行分析:黑龙江省常年夏季全省平均降水量为 347 mm,降水分布具有明显的空间差异,中部地区为降水量高值区,最大值中心位于伊春南部,并由中部向东西两侧递减,大兴安岭北部、大庆南部和双鸭山中部地区降水量相对较少,整体呈现中部多、东部次之、西部略少的空间分布特征(图 3.5a)。

分析黑龙江省常年夏季各月降水量分布可见:黑龙江省夏季降水主要集中在 6—8 月,其中 7 月各地降水量最多、8 月次之、6 月最少。各月降水量整体上与夏季降水量的空间分布一致,均呈现中部地区最大,向四周递减的分布特征(图 3.5b～d)。

3.1.4　风速特征

对 1991—2020 年夏季(6—8 月)黑龙江省风速观测数据进行分析:黑龙江省常年夏季全省平均风速为 2.4 m/s,风速分布空间差异较为明显,其中西南部和东北部地区为风速大值区,中部地区平均风速较小,西北部的大兴安岭地区、伊春中部地区和东南部的牡丹江地区为平均风速低值区(图 3.6a)。

分析黑龙江省常年夏季各月平均风速分布可见:黑龙江省 6 月平均风速最大,7—8 月份风速较小,且两者差别不大。各月平均风速整体上与夏季平均风速的空间分布一致,均呈现西南部和东北部为风速大值区、西北向东南走向为风速低值带的空间分布特征(图 3.6b～d)。

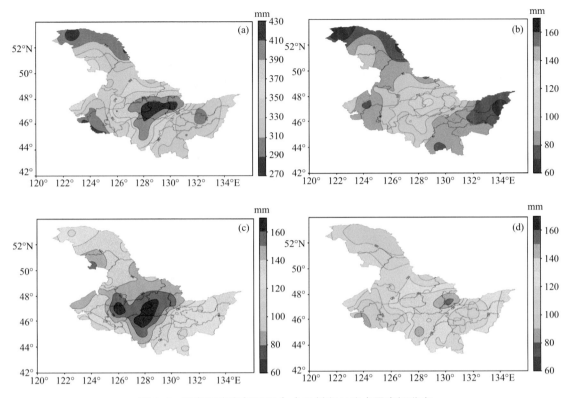

图 3.5　黑龙江省常年夏季（a）及其各月降水量空间分布

(a)6—8 月；(b)6 月；(c)7 月；(d)8 月

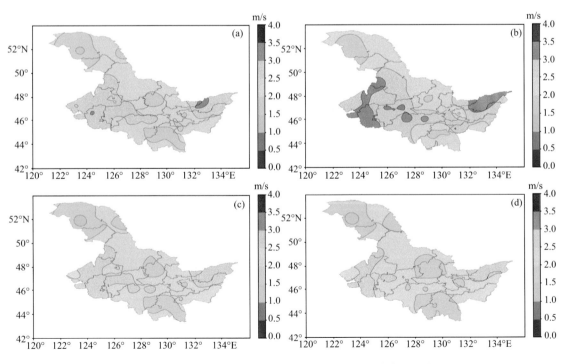

图 3.6　黑龙江省常年夏季（a）及其各月平均风速空间分布

(a)6—8 月；(b)6 月；(c)7 月；(d)8 月

3.1.5　湿度特征

对 1991—2020 年夏季(6—8 月)黑龙江省相对湿度观测数据进行分析:黑龙江省常年夏季全省平均相对湿度为 75.2%,相对湿度分布具有明显的空间差异,西南部地区为相对湿度的低值区,以此向东、向北相对湿度逐渐增大,但在三江平原西部存在一个相对湿度次低值区(图 3.7a)。

分析黑龙江省常年夏季各月平均相对湿度分布可见:黑龙江省 7—8 月平均相对湿度较大,6 月相对较小,这与降水量的月际分布较为一致。各月平均相对湿度整体上与夏季平均相对湿度的空间分布一致,均呈现西南较低,并向东、向北逐渐升高的空间分布特征(图 3.7b~d)。

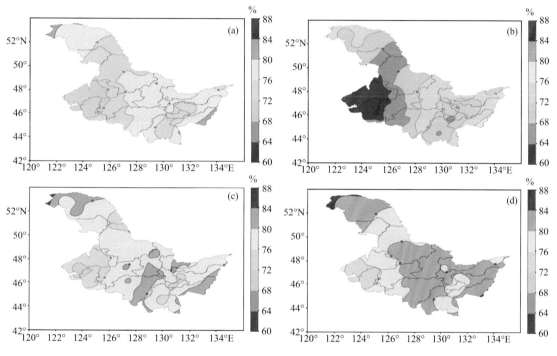

图 3.7　黑龙江省常年夏季（a）及其各月平均相对湿度空间分布

(a)6—8 月;(b)6 月;(c)7 月;(d)8 月

3.1.6　日照特征

对 1991—2020 年夏季(6—8 月)黑龙江省日照时数观测数据进行分析:黑龙江省夏季全省平均日照时数为 697.1 小时,各地日照的空间分布差异明显,西南部日照时数较大,并向东逐渐递减,其中黑河、齐齐哈尔和大庆地区为日照时数的高值区,大兴安岭、伊春和鹤岗地区为日照时数的低值区(图 3.8a)。

分析黑龙江省夏季各月日照时数分布可见:黑龙江省 6 月日照时数最大,7—8 月相对较小,这与 7—8 月为全省降水的集中期有关。各月日照时数整体上与夏季日照时数的空间分布一致,均呈现西高东低的分布特征(图 3.8b~d)。

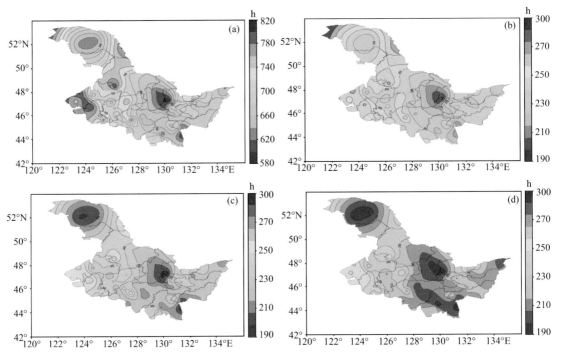

图 3.8 黑龙江省常年夏季(a)及其各月日照时数空间分布

(a)6—8 月;(b)6 月;(c)7 月;(d)8 月

3.2 黑龙江省夏季避暑旅游

避暑旅游是旅游的一种类型,是指在天气炎热时到凉爽的地方,享受该地天然气候舒适感觉的一种行为方式。随着全球变暖趋势的加剧,越来越多的地区受到高温热浪的袭击,避暑旅游的需求逐渐加大。然而,传统的避暑旅游多为城市附近的山地,由于容量有限,难以满足大众化消夏避暑的需要。

3.2.1 避暑旅游气象优势

分析我国常年夏季(6—8月)平均气温的空间分布特征(图 3.9)可以看出:海拔较高的青藏高原地区夏季平均气温最低,在 14 ℃及以下,新疆局部和中东部及南部大部地区为高值区,夏季平均气温在 26 ℃及以上,内蒙古西部、中部和辽宁及吉林西部地区夏季平均气温为 22~26 ℃,内蒙古东部、吉林东部和黑龙江大部地区为次低值区,夏季平均气温 18~22 ℃。由此可见,黑龙江省大部地区夏季平均气温低于除青藏高原地区以外的全国大部地区,呈现凉爽舒适的特点。

分析我国常年夏季(6—8月)降水量的空间分布特征(图 3.10)可知:我国夏季降水量呈阶梯式分布,由西北部内陆向东南沿海地区逐渐增大。黑龙江省位于降水量第二阶梯,夏季降水较为适中。

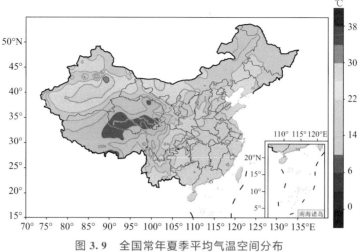

图 3.9 全国常年夏季平均气温空间分布

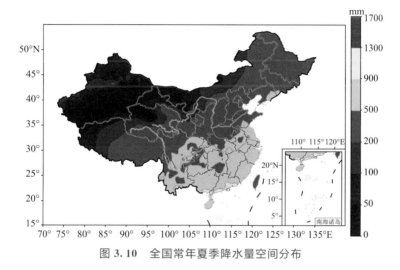

图 3.10 全国常年夏季降水量空间分布

分析我国常年夏季(6—8 月)平均风速的空间分布特征(图 3.11)可知:我国夏季平均风速分布差异较小,黑龙江省夏季平均风速趋于全国水平。

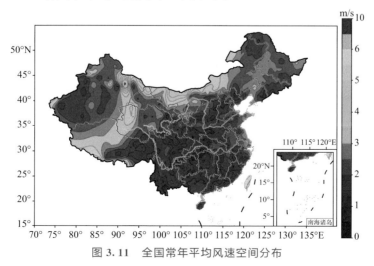

图 3.11 全国常年平均风速空间分布

分析我国常年夏季(6—8月)平均相对湿度的空间分布特征(图 3.12)可知:我国夏季平均相对湿度分布差异较为明显,整体上呈现自西北向东南逐渐增大的分布特征。其中,西北部大部地区为低值区,平均相对湿度低于 50%;东南部大部地区为高值区,平均相对湿度高于80%,其他大部地区为中值区,相对湿度为 50%~80%。黑龙江省位于平均相对湿度中值区,夏季全域湿度较为适中。

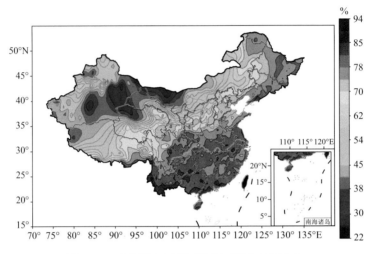

图 3.12　全国常年夏季平均相对湿度空间分布

分析我国常年夏季(6—8月)日照时数的空间分布特征(图 3.13)可知:我国夏季日照分布差异明显,高值区位于西北部和青藏高原西部地区,东北部、山东半岛和中原地区为次高值区,再其次为东南沿海地区,四川盆地和云贵高原为日照时数的最低值区。由此可见,黑龙江省日照时数仅次于新疆、内蒙古和西藏等省份而高于全国大部地区,在保持夏季清凉的同时拥有较好的光照条件。

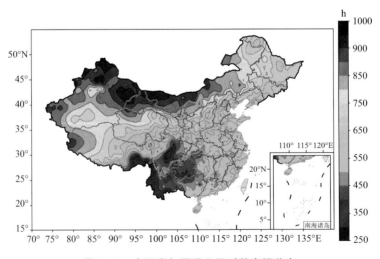

图 3.13　全国常年夏季日照时数空间分布

黑龙江省处在中国东北部,是中国全部省份中位置最东、最北的省份,全省土地总面积45.4 万 km²,居全国第 6 位,北、东部与俄罗斯隔江相望,西部与内蒙古相邻,南部与吉林省接壤。边境线长 2981.26 km,是亚洲与太平洋地区陆路通往俄罗斯和欧洲大陆的重要通道,是中国沿边境开放的重要窗口。黑龙江省的经纬度范围是:西起 121°11′,东至 135°05′,南起 43°26′,北至 53°33′,东西跨 14 个经度,南北跨 10 个纬度,形成了不同的自然景观和热量。

黑龙江省属于寒温带与温带大陆性季风气候。全省从南向北,依温度指标可分为中温带和寒温带。从东向西,依干燥度指标可分为湿润区、半湿润区和半干旱区。全省气候的主要特征是春季低温干旱,夏季温热多雨,秋季易涝早霜,冬季寒冷漫长,无霜期短,气候地域性差异大。

黑龙江省夏季受东南季风的影响,降水充沛,全省平均气温为 20.7 ℃,非常凉爽舒适,同时风速、湿度适中,光照条件较好,具有良好的避暑型气候资源,独特的气候条件及地理位置,使得黑龙江省在夏季旅游市场中占有明显优势。

3.2.2 气候舒适度指数评价

气候舒适度是指健康人群在无需借助任何防寒、避暑装备和设施的情况下对气温、湿度、风速和日照等气候因子感觉的适宜程度。

利用黑龙江省 2011—2020 年夏季(6—8 月)逐旬平均气温、平均相对湿度、平均风速和日照时数等观测资料,采用温湿指数(I)、风效指数(K)以及气候舒适度指数评价 2011—2020 年黑龙江省旅游气候舒适度。下面根据中华人民共和国国家标准《人居环境气候舒适度评价》(GB/T 27963—2011),介绍和分析气候舒适度评价指标计算方法及等级划分方法和结果。

3.2.2.1 适用条件

当平均气温≤16 ℃且≥10 ℃时,用风效指数(K)来评价气候舒适度;当平均气温>16 ℃时,使用温湿指数(I)来评价气候舒适度;同时,当平均气温<10 ℃且平均湿度≥85%时,使用温湿指数(I)来评价气候舒适度;若平均气温<10 ℃且月平均湿度<85%时,用风效指数(K)来评价气候舒适度。

3.2.2.2 风效指数计算方法

风效指数(K)计算公式见式(3.1):

$$K = -(10\sqrt{V} + 10.45 - V)(33 - T) + 8.55S \tag{3.1}$$

式中:K——风效指数,取整数;

T——平均气温,单位为摄氏度(℃);

V——平均风速,单位为米每秒(m/s);

S——平均日照时数,单位为时/天(h/d)。

3.2.2.3 温湿指数计算方法

温湿指数(I)计算公式见式(3.2):

$$I = 1.8T + 32 - 0.55 \times (1 - RH) \times (1.8T - 26) \tag{3.2}$$

式中:I——温湿指数,保留 1 位小数;

T——平均气温,单位为摄氏度(℃);

RH——平均空气相对湿度。

3.2.2.4 气候舒适度评价方法

气候舒适度评价规则见表3.2。

表 3.2 气候舒适度评价规则

风效指数（K）值域范围	评价等级	温湿指数（I）值域范围	评价等级
$K \leqslant -1000$	暴冷或酷冷（很不舒适）	$I < 40$	暴冷或酷冷（很不舒适）
$-1000 < K \leqslant -800$	寒冷（不舒适）	$40 \leqslant I < 45$	寒冷（不舒适）
$-800 < K \leqslant -600$	偏冷或凉偏冷（较不舒适）	$45 \leqslant I < 55$	偏冷或凉偏冷（较不舒适）
$-600 < K \leqslant -300$	凉（较舒适）	$55 \leqslant I < 60$	凉（较舒适）
$-300 < K \leqslant -200$	最舒适	$60 \leqslant I < 65$	最舒适
$-200 < K \leqslant -50$	暖（较舒适）	$65 \leqslant I < 70$	暖（较舒适）
$-50 < K \leqslant 80$	偏热或暖偏热（较不舒适）	$70 \leqslant I < 75$	偏热或暖偏热（较不舒适）
$80 < K \leqslant 160$	热（不舒适）	$75 \leqslant I < 80$	闷热（不舒适）
$K > 160$	暴热或酷热（很不舒适）	$I \geqslant 80$	极闷热（很不舒适）

3.2.2.5 气候舒适度评价结果分析

表 3.3 为黑龙江省 13 个地区级城市夏季各旬（6—8 月）气候舒适度评价等级，分析发现：黑龙江省夏季各旬气候舒适度以较不舒适、较舒适和最舒适等级为主，没有不舒适和很不舒适等级。其中，6 月上、中旬和 8 月下旬，各地均为最舒适或较舒适等级；6 月下旬和 8 月中旬除大庆、哈尔滨和齐齐哈尔地区偏热或暖偏热导致气候舒适度评价等级为较不舒适外，其他大部地区气候舒适度等级也均为较舒适或最舒适等级；7 月上旬至 8 月上旬，西北部的加格达奇、黑河和伊春地区气温适宜，气候舒适度等级仍以较舒适等级为主，其他大部地区由于气温偏高，气候舒适度等级较多为较不舒适等级。由此可知，6 月和 8 月中、下旬黑龙江省大部地区的气候舒适度评价等级较高，感觉较为舒适，各地均非常适宜开展旅游活动；7 月至 8 月上旬各地气候舒适度评价等级相对较低，除西北部地区较舒适外，其他大部地区感觉较不舒适，因此这一时段内，北部地区更适宜开展旅游活动，其他地区由于偏热，会对夏季旅游活动造成一定影响。

表 3.3 黑龙江省 13 个地区级城市夏季各旬气候舒适度评价等级

站名	6 月			7 月			8 月		
	上旬	中旬	下旬	上旬	中旬	下旬	上旬	中旬	下旬
加格达奇	较舒适	最舒适	较舒适	较舒适	较舒适	较舒适	较舒适	最舒适	较舒适
黑河	最舒适	最舒适	较舒适	较舒适	较不舒适	较舒适	较舒适	较舒适	最舒适
齐齐哈尔	最舒适	较舒适	较不舒适	较不舒适	较不舒适	较不舒适	较不舒适	较舒适	较舒适
伊春	最舒适	最舒适	较舒适	较舒适	较舒适	较舒适	较舒适	较舒适	最舒适
鹤岗	最舒适	最舒适	较舒适	较舒适	较不舒适	较不舒适	较舒适	较舒适	最舒适
大庆	较舒适	较舒适	较不舒适	较不舒适	较不舒适	较不舒适	较不舒适	较不舒适	较舒适
绥化	最舒适	较舒适	较不舒适	较不舒适	较不舒适	较不舒适	较不舒适	较舒适	较舒适
佳木斯	最舒适	较舒适	较舒适	较舒适	较不舒适	较不舒适	较不舒适	较舒适	较舒适
双鸭山	最舒适	最舒适	较舒适	较不舒适	较不舒适	较不舒适	较不舒适	较舒适	较舒适

站名	6月			7月			8月		
	上旬	中旬	下旬	上旬	中旬	下旬	上旬	中旬	下旬
哈尔滨	较舒适	较舒适	较不舒适	较不舒适	较不舒适	较不舒适	较不舒适	较不舒适	较舒适
七台河	最舒适	最舒适	较舒适	较不舒适	较不舒适	较不舒适	较不舒适	较舒适	较舒适
鸡西	最舒适	最舒适	较舒适	较舒适	较不舒适	较不舒适	较不舒适	较舒适	较舒适
牡丹江	最舒适	最舒适	较舒适	较舒适	较不舒适	较不舒适	较不舒适	较舒适	较舒适

3.2.3 避暑旅游气候适宜度评价

中国气象局于 2019 年 9 月 30 日发布了《避暑旅游气候适宜度评价方法》(QX/T 500—2019)行业标准。该标准在体感温度等级划分的基础上,加入避暑旅游高影响天气影响度计算,包括暴雨、高温、大风和雷暴 4 种,既考虑了气候舒适度,同时又考虑了气候风险对旅游的影响,评估办法较为科学和客观,对全面客观评价避暑旅游气候资源具有重要意义。

利用黑龙江省 2011—2020 年夏季(6—8 月)逐时和逐日气温、相对湿度、风速以及降水、雷暴等观测资料,采用中国气象局《避暑旅游气候适宜度评价方法》标准,分析黑龙江省夏季(6—8 月)逐旬的避暑旅游气候适宜度。下面介绍和分析避暑旅游气候适宜度 L 等级指标计算方法和结果。

3.2.3.1 计算方法

避暑旅游气候适宜度 L 等级指标计算方法见式(3.3):

$$L = 100 \times (B - M) \tag{3.3}$$

式中:L——避暑旅游气候适宜度;

B——避暑旅游气候舒适度;

M——避暑旅游高影响天气影响度。

避暑旅游高影响天气影响度计算方法见式(3.4):

$$M = 4 \times \sum_{j=1}^{4} M_j \times R_j \tag{3.4}$$

式中:j——各高影响天气,1、2、3、4 分别为暴雨、高温、大风、雷暴;

M_j——各高影响天气 j 影响度;

R_j——各高影响天气 j 权重,暴雨、高温、大风、雷暴的权重分别为 45%、30%、15%、10%。

该标准对于不同的气象要素有着不同时间尺度的要求。体感温度中涉及参与统计时刻数、有效避暑旅游时段内时刻气温值、相对湿度值和风速值等小时数据、日最高和日最低温度值的日数据,4 类高影响天气中的评价方法时间尺度均为日。

3.2.3.2 避暑旅游气候适宜度等级

避暑旅游气候适宜度等级,根据避暑旅游气候舒适度和高影响天气对避暑旅游影响程度构成的指标,划分为 4 级,详见表 3.4。

表 3.4　避暑旅游气候适宜度等级划分表

级别	级别名称	划分指标	等级说明
1 级	很适宜	$L \geqslant 20$	气候条件很适宜避暑旅游
2 级	适宜	$15 \leqslant L < 20$	气候条件适宜避暑旅游
3 级	较适宜	$5 \leqslant L < 15$	气候条件较适宜避暑旅游
4 级	不适宜	$L < 5$	气候条件不适宜避暑旅游

注:L 为避暑旅游气候适宜度。

3.2.3.3　避暑旅游气候适宜度分析

表 3.5 为黑龙江省 13 个地区级城市夏季各旬(6—8 月)避暑旅游气候适宜度评价等级,分析发现:黑龙江省夏季各地避暑旅游气候适宜度评价等级均为很适宜等级,具体到各旬避暑旅游气候适宜度评价等级来看,各地也均以适宜、较适宜和很适宜等级为主,仅 6 月上旬的黑河和伊春、7 月下旬的双鸭山为不适宜等级;整体来看,6 月上、中旬各地避暑旅游气候适宜度稍低,这与此时期黑龙江省气温偏低且对流性降水和雷暴天气多发密切相关,6 月下旬至 8 月下旬,各地避暑旅游气候适宜度较高,这一时期各地气温适宜,以稳定性降水为主,是开展避暑旅游活动的最佳时段。

表 3.5　黑龙江省 13 个地区级城市夏季及各旬避暑旅游气候适宜度评价等级

站名	夏季	6 月			7 月			8 月		
		上旬	中旬	下旬	上旬	中旬	下旬	上旬	中旬	下旬
加格达奇	很适宜	较适宜	适宜	很适宜	适宜	很适宜	很适宜	很适宜	很适宜	适宜
黑河	很适宜	不适宜	很适宜	很适宜	很适宜	很适宜	很适宜	很适宜	很适宜	很适宜
齐齐哈尔	很适宜	适宜	很适宜	很适宜	很适宜	很适宜	适宜	很适宜	很适宜	很适宜
伊春	很适宜	不适宜	较适宜	适宜	很适宜	很适宜	很适宜	很适宜	很适宜	很适宜
鹤岗	很适宜	较适宜	较适宜	很适宜	很适宜	很适宜	很适宜	适宜	很适宜	很适宜
大庆	很适宜	很适宜	很适宜	很适宜	很适宜	适宜	较适宜	很适宜	很适宜	很适宜
绥化	很适宜	很适宜	很适宜	很适宜	很适宜	很适宜	适宜	适宜	很适宜	很适宜
佳木斯	很适宜	适宜	很适宜	很适宜	很适宜	很适宜	很适宜	适宜	很适宜	较适宜
双鸭山	很适宜	很适宜	很适宜	很适宜	很适宜	很适宜	不适宜	很适宜	很适宜	很适宜
哈尔滨	很适宜	很适宜	很适宜	很适宜	很适宜	很适宜	很适宜	很适宜	很适宜	很适宜
七台河	很适宜	适宜	很适宜	很适宜	很适宜	很适宜	很适宜	很适宜	很适宜	很适宜
鸡西	很适宜	较适宜	很适宜	很适宜	很适宜	很适宜	很适宜	很适宜	很适宜	很适宜
牡丹江	很适宜	适宜	很适宜	很适宜	很适宜	很适宜	很适宜	很适宜	很适宜	很适宜

3.3 黑龙江省夏季生态旅游

3.3.1 负（氧）离子评价

负（氧）离子浓度的大小能够从正面反映空气的清新度，直观反映空气质量的优劣。负（氧）离子浓度的观测，对于直观反映当地大气生态、空气质量的优劣及控制效果具有极其重要的意义和作用。大气负（氧）离子的主要功能有镇静、催眠、镇痛、镇咳、止痒、利尿、增食欲、降血压之效，被誉为"空气维生素"。

近年来，随着负（氧）离子浓度监测设备的普及和生态旅游品牌的宣传，大家对负（氧）离子的认识进一步提升，负（氧）离子含量高已经成为吸引游客的一大因素。负（氧）离子含量高的地区主要集中在森林、海滨、高山、瀑布、公园以及绿化带等生态环境较好的旅游景区。游客认为负（氧）离子不仅可使心情舒畅，还有调节人体神经系统和促进血液循环及新陈代谢的作用，能够促进身心健康，达到养生保健的功效。一些地区已经开始利用其大气负（氧）离子含量（浓度）较高的特点建立"空气品牌"，开发生态旅游产业，带动当地经济迅速发展。

3.3.1.1 空气负（氧）离子的监测

负（氧）离子监测区域分为两类：一类区域为城市自然保护区、风景名胜区和其他特殊保护区；二类区域为城市居民居住区、商业交通居民混合区、文化区、工业区和农村地区。

负（氧）离子监测采用固定式仪器测量，传感器中心距离地面 1.5 m 左右，选址应符合以下要求：

（1）监测点应选在相对空旷、空气流动较好的区域，能够代表周围一定范围内的平均状况。

（2）监测点应避开局地污染源，一般应选在污染源主导风的上风方，同时与瀑布、喷泉、溪流等负（氧）离子产生源的异常区保持不小于 100 m 的直线距离。

（3）监测点应远离强射线辐射源、无线发射塔、高压线、人工负（氧）离子发生装置等干扰源；。

（4）监测点应避开陡坡、洼地、风口等局部地形，同时也应避开洪水、滑坡、泥石流等灾害易发区及昆虫、动物和漂浮性杂物的多发区。

3.3.1.2 影响空气负（氧）离子浓度的因素

（1）负（氧）离子的产生源主要是水分子的运动和撞击、放射线、高压、闪电等，加上富氧环境和一定的风力等条件，即可产生较高浓度的负（氧）离子。

（2）紧靠瀑布、喷泉等处，由于水流强烈的剪切作用，负（氧）离子浓度值可达 10000 个/cm³以上。

（3）雷暴、大雨、大风等特殊天气和特殊的地区及环境，负（氧）离子浓度值也可能比较高。

（4）紧闭的室内环境由于同位素氡气等的激发，负（氧）离子浓度值会达到 2000～3000 个/cm³的高值。

（5）测量值与站点的选择、风向、干扰源等有较大的相关性。如有雷达天线、高压电网、空调、烟囱等,测值就会很小。

(6)环境中如果细粒子($PM_{0.5}$—$PM_{2.5}$)数的浓度高,会导致负(氧)离子浓度低。

(7)盐雾、气溶胶等会吸附中和负离子,导致负(氧)离子浓度值下降。

3.3.1.3 空气负(氧)离子浓度等级标准

中国气象局行业标准《空气负(氧)离子浓度等级》(QX/T 380—2017)给出了空气负(氧)离子浓度等级划分,见表3.6。

表3.6 空气负(氧)离子浓度等级标准表

等级	空气负(氧)离子浓度 N(个/cm^3)	说明
1级	$N \geqslant 1200$	浓度高,空气清新
2级	$500 \leqslant N < 1200$	浓度较高,空气较清新
3级	$100 \leqslant N < 500$	浓度中,空气一般
4级	$N < 100$	浓度低,空气不够清新

注:空气负(氧)离子浓度按迁移率 $\geqslant 0.4\ cm^2/(V \cdot s)$ 测得。

根据中国气象局行业标准《空气负(氧)离子浓度等级》以及我国的气候、地理、空气质量等的具体情况,空气清新度指数3级,即证明空气的清新度就比较正常了;空气清新度指数2级,证明空气的清新度就很好了;空气清新度指数1级及以上,证明空气的清新度已经非常好。

按照中国气象服务协会团体标准《天然氧吧评价指标》(T/CMSA 0002—2017)的负(氧)离子浓度分值规则表,空气负(氧)离子的浓度值必须大于 1000 个/cm^3 才能获得分值(分级5以上),负(氧)离子浓度 $\geqslant 3000$ 个/cm^3 的分值为满分12分(分级2以上)。

表3.7 《天然氧吧评价指标》——负(氧)离子浓度分值规则表

分级	负(氧)离子浓度(个/cm^3)	分值
1	负(氧)离子浓度 $\geqslant 3000$	12分
2	$2500 \leqslant$ 负(氧)离子浓度 < 3000	10~12分
3	$2000 \leqslant$ 负(氧)离子浓度 < 2500	8~10分
4	$1500 \leqslant$ 负(氧)离子浓度 < 2000	6~8分
5	$1000 \leqslant$ 负(氧)离子浓度 < 1500	4~6分
6	负(氧)离子浓度 < 1000	0分

注:监测设备离子迁移率 $\geqslant 0.4\ cm^2/(V \cdot s)$ 下的测量值。

3.3.1.4 黑龙江省负(氧)离子监测站点分布

黑龙江省自2015年开始,通过参与"中国天然氧吧"创建活动,开展负(氧)离子监测工作,目前已经陆续在全省7个地区的21个县级行政区或景区建设了负(氧)离子固定监测站点,采集数据并实现实时更新发布;截至2021年,全省共建成42个负(氧)离子监测站点,初步形成了覆盖全省的自动监测网络,其中,伊春市率先建设完成了负(氧)离子监测站点的全域分布。各负(氧)离子监测站点主要分布在中心城区、国家气象站、自然保护区、景区等地(图3.14)。

自动观测点选址总体上遵循反映地域代表性的城区、城郊、森林等为主。

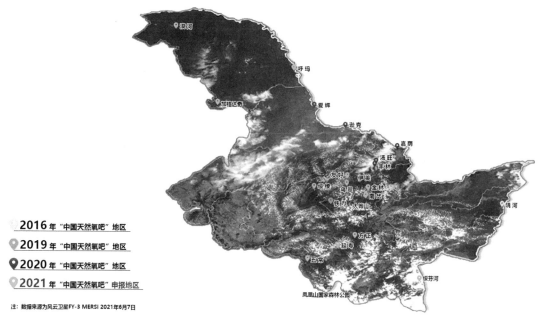

图 3.14 黑龙江省负（氧）离子监测站点分布图

3.3.1.5 黑龙江省负（氧）离子监测结果分析

选取黑龙江省各监测站点 2019—2021 年负（氧）离子浓度观测资料进行数据分析可知：黑龙江省平均负（氧）离子浓度为 3464 个/cm³，各地区年平均负（氧）离子浓度在 2775～3906 个/cm³，均超过 1 级标准，达到空气非常清新的程度（图 3.15）。

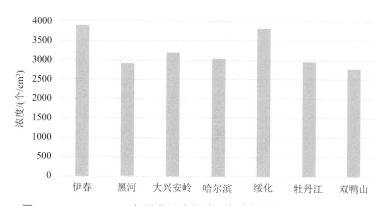

图 3.15 2019—2021 年黑龙江省各地区负（氧）离子浓度年平均值

监测结果表明，黑龙江省有着丰富的负（氧）离子资源，近 3 年年平均负（氧）离子浓度 3464 个/cm³，超过世界卫生组织清新空气标准（1000～1500 个/cm³），空气清新度非常好，空气质量达到了有益于人体健康的状况。黑龙江省丰富的负（氧）离子资源主要得益于省内森林资源丰富，地域广阔，土壤肥沃，植被繁茂，物种繁多，资源丰富。同时，空气中负（氧）离子的主要产生源是水分子的碰撞。黑龙江省水域丰富，绿色植被覆盖的地形，既能产生丰富的水汽，又有较强的空气运动，加上季风、紫外线、雷电等产生负离子的源，就形成了较高负（氧）离子浓度的独特环境。尤其夏季时段,黑龙江省降雨增多,气温适宜,光照条件好,再加上雷雨天气增多,均有利于负(氧)离子的产生,为本省生态旅游产业的发展提供了良好条件。

3.3.2 生态环境状况评价

国家环境保护部于 2015 年发布国家环境保护标准《生态环境状况评价技术规范》(HJ 192—2015),规定了生态环境状况评价指标体系和各指标计算方法。

3.3.2.1 指标体系

生态环境状况评价利用一个综合指数(生态环境状况指数,EI)反映区域生态环境的整体状态,指标体系包括生物丰度指数、植被覆盖指数、水网密度指数、土地胁迫指数和污染负荷指数 5 个分指数及 1 个环境限制指数,5 个分指标分别反映被评价区域内生物的丰贫,植被覆盖的高低,水的丰富程度,遭受的胁迫强度,承载的污染物压力,环境限制指数是约束性指标,指根据区域内出现的严重影响人居生产生活安全的生态破坏和环境污染事项对生态环境状况进行限制和调节。

3.3.2.2 评价方法

生态环境状况指数(EI)=0.35×生物丰度指数+0.25×植被覆盖指数+0.15×水网密度指数+0.15×(100−土地胁迫指数)+0.10×(100−污染负荷指数)+环境限制指数

3.3.2.3 评价标准

生态环境状况分级和生态环境状况变化度分级见表 3.8。

表 3.8 生态环境状况分级

级别	优	良	一般	较差	差
指数	$EI \geqslant 75$	$55 \leqslant EI < 75$	$35 \leqslant EI < 55$	$20 \leqslant EI < 35$	$EI < 20$
状态	植被覆盖度高,生物多样性丰富,生态系统稳定	植被覆盖度较高,生物多样性较丰富,适合人类生存	植被覆盖度中等,生物多样性一般水平,较适合人类生存,但有不适合人类生存的制约性因子出现	植被覆盖较差,严重干旱少雨,物种较少,存在着明显制约人类生存的因素	条件较恶劣,人类活动受到限制

3.3.2.4 生态环境质量状况

根据黑龙江省生态环境监测中心发布的《2020 黑龙江省生态环境质量报告》(2021 年 7月):2020 年黑龙江省 13 个市(地)的 EI 值为 57.2～85.5,生态环境质量等级为"优"和"良"两个级别。生态环境质量等级为"优"的市(地)为牡丹江市、伊春市、大兴安岭地区。"良"的市(地)为齐齐哈尔市、大庆市、绥化市、佳木斯市、鹤岗市、鸡西市、双鸭山市、七台河市、哈尔滨市及黑河市。

生态环境质量等级为"优"类的面积占全省总面积的 30.1%,主要分布在大、小兴安岭、张广才岭和老爷岭地区,为国家重点生态功能区,人口稀少,经济发展为限制开发区。"良"类的面积占全省总面积的 69.9%,主要分布在平原、丘陵、河谷平原地区,为全省经济和人口集中分布区。2020 年黑龙江省各市(地)生态环境状况指数及分指数见图 3.16。

2020 年,黑龙江省 75 个县(市)的 EI 值为 53.3～86.8,生态环境质量分为"优""良""一般"3 个级别,没有"差"和"较差"的级别。

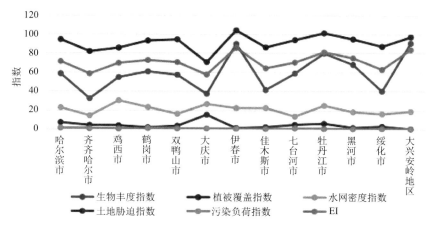

图 3.16　2020 年黑龙江省各市（地）生态环境状况指数及分指数

75 个县（市）中，21 个县（市）生态环境质量等级为"优"，占全省总数的 28.0%；52 个县（市）生态环境质量等级为"良"，占全省总数的 69.3%；2 个县（市）生态环境质量等级为"一般"，占全省总数的 2.7%。在面积比例上，生态环境质量等级为"优"的县（市），占全省总面积的 44.8%；"良"类占全省总面积的 53.5%；"一般"类占全省总面积的 1.7%。在空间分布上，生态环境质量等级为"优"和"良"的县（市）主要分布在大小兴安岭、东部山地和三江平原地区；生态环境质量等级为"一般"类的县（市）主要分布在松嫩平原地区。

监测表明，黑龙江省生态环境质量整体良好，生态优势持续释放，奠定了本省生态旅游发展的坚实基础，为持续开发生态旅游产业带来巨大潜力。

3.4　黑龙江省夏季水域旅游

黑龙江省水域资源丰富，年平均水资源量 810 亿 m^3，其中地表水资源 686 亿 m^3，地下水资源 124 亿 m^3；境内江河湖泊众多，有黑龙江、乌苏里江、松花江、绥芬河四大水系，现有流域面积 50 km^2 及以上河流 2881 条，总长度为 9.21 万 km；现有常年水面面积 1 km^2 及以上湖泊 253 个，其中：淡水湖 241 个，咸水湖 12 个，水面总面积 3037 km^2（不含跨国界湖泊境外面积）。主要湖泊有兴凯湖、镜泊湖、连环湖等湖泊。因此，黑龙江省夏季除了适合开展生态资源旅游活动外，也较为适宜开展观景赏湖、水上漂流和游泳等水域资源旅游项目。

3.4.1　漂流气象指数

漂流项目是游客参与的亲水旅游活动，具有参与性好、刺激性强、"野味性"足，集健身、娱乐与风景观光于一身的特点，特别受中青少年游客钟爱。漂流活动中安全总是最重要的，参与漂流活动前除选择天况较好、气温适宜的气象条件外，还应避开雷雨大风等恶劣天气。气象部门可根据气象条件计算漂流气象指数，为漂流活动的开展提供参考。

漂流气象指数计算方法见式（3.5）：

$$C = X_1 + X_2 + X_3 + X_4 \qquad (3.5)$$

式中:C——气象条件综合值;

X_1——天气状况条件;

X_2——气温条件;

X_3——雷暴条件;

X_4——风力条件。

各项气象条件的取值范围见表 3.9,当 C 值小于 6 时,气象条件不适宜漂流,应中止或改期漂流活动。实际服务中,可根据天气状况、气温、雷暴和风力预报计算漂流气象指数等级,提前发布指数预报和服务建议。

表 3.9 气象条件取值范围及漂流气象指数等级判别表

X_1	X_2	X_3	X_4	C 值	气象条件及漂流气象指数等级
天气状况	气温	雷暴	风力		
晴天或降水≤1 mm,取 3	≥31 ℃,取 3	无雷暴,取 2	≤1 级,取 3	≥10	气象条件极适宜漂流,漂流指数 1 级
降水 2~5 mm,取 2	28~30.9 ℃,取 2	闪电,取 1	2~3 级,取 2	8~9	气象条件适宜漂流,漂流指数 2 级
降水 6~15 mm,取 0	25~27.9 ℃,取 0	远雷暴,取 0	4~5 级,取 0	6~7	气象条件一般,漂流指数 3 级
降水 16~30 mm,取 −2	22~24.9 ℃,取 −3	近雷或远强雷暴,取 −2	6~7 级,取 −2	4~5	气象条件不太适宜漂流,漂流指数 4 级
降水≥30 mm,取 −4	≤21.9 ℃,取 −5	强近雷暴,取 −4	≥8 级,取 −4	<3	气象条件不适宜漂流,漂流指数 5 级

3.4.2 观景赏湖气象指数

黑龙江省河流和湖泊众多,夏季到黑龙江省观景赏湖是众多游客的选择,天气对于观景赏湖活动的开展影响较大,只有在合适的气象条件下才能将美景尽收眼底。气象部门可根据气象条件计算观景赏湖气象指数,为观景赏湖活动的开展提供参考。

观景赏湖气象指数计算方法见式(3.6):

$$C = X_1 + X_2 + X_3 + X_4 + X_5 \qquad (3.6)$$

式中:C——气象条件综合值;

X_1——天气状况条件;

X_2——风力条件;

X_3——人体舒适度条件;

X_4——紫外线指数条件;

X_5——能见度条件。

各项气象条件的取值范围见表 3.10,当 C 值小于 3 时,气象条件不适宜观景赏湖。实际服务中,可根据天气状况、风力、人体舒适度、紫外线指数和能见度预报计算观景赏湖气象指数等级,提前发布指数预报和服务建议。

表 3.10　气象条件取值范围及观景赏湖气象指数等级判别表

X_1	X_2	X_3	X_4	X_5	C 值	气象条件及观景赏湖气象指数等级
天气状况	风力	人体舒适度	紫外线指数	能见度		
无降水,取 1	≤3 级,取 1	≤4 级,取 0	1～3 级,取 1	>5 km,取 1	=5	气象条件极适宜观岛赏湖,观岛赏湖指数 1 级
降水量<2 mm/h,取 0	4～6 级,取 0	4～5 级,取 0	5～7 级,取 1	3～5 km,取 0	=4	气象条件适宜观岛赏湖,观岛赏湖指数 2 级
降水量≥2 mm/h,取 -1	>7 级,取 -1	>8 级,取 0		<3 km,取 -1	=3	气象条件比较适宜观岛赏湖,观岛赏湖指数 3 级
					=2	气象条件不太适宜观岛赏湖,观岛赏湖指数 4 级
					=1	气象条件不适宜观岛赏湖,观岛赏湖指数 5 级

3.4.3　游泳气象指数

气象条件对游泳的影响,是各种气象要素综合变化和影响的结果,在实际预报服务中必须进行全面分析和综合考虑,通过衡量气象因素对游泳的影响,利用各种观测资料和数值预报产品,建立统计预报模式,制作旅游气象指数(表 3.11)。

影响游泳的气象因子主要有天气状况、降水、水温、大风等,可按各项影响因素"打分"法,再累计加分总和作为综合结果并定为游泳气象指数值,即建立游泳气象指数预报方程。

游泳气象指数计算方法见式(3.7):

$$S = S_1 + S_2 + S_3 \tag{3.7}$$

式中:S——气象条件综合值;

　　　S_1——水温预报值;

　　　S_2——天气状况预报值;

　　　S_3——风力预报值。

水温预报值计算方法见式(3.8):

$$y = 0.564 + 0.626 T_{max} + 0.121 T_{min} - 0.155 T_{pmax} - 0.057 T_{pmin} + 0.431 T_{pre} \tag{3.8}$$

y 为日平均水温;

式中:T_{max} 为日最高温度;

　　　T_{min} 为日最低温度;

　　　T_{pre} 为前一日平均温度;

　　　T_{pmax} 为前一日最高温度;

　　　T_{pmin} 为前一日最低温度,确定 S_1 取值。

表 3.11 气象条件取值范围及游泳气象指数等级判别表

S_1	S_2	S_3	S 值	气象条件及游泳气象指数等级
水温	天气状况	风力		
≥26 ℃,取 1	晴天或多云,取 0	风力<7 级时,取 0	≥1	气象条件非常适宜游泳,游泳指数 1 级
25.0~25.9 ℃,取 2	阴天或小雨,取 2	风力 7~8 级时,取 2	≥2	气象条件适宜游泳,游泳指数 2 级
24.0~24.9 ℃,取 3	中雨及以上,取 4	风力≥9 级时,取 4	≥3	气象条件较适宜游泳,游泳指数 3 级
23.0~23.9 ℃,取 4			≥4	气象条件不太适宜游泳,游泳指数 4 级
≤22.9 ℃,取 5			≥5	气象条件不宜游泳,游泳指数 5 级

3.5 黑龙江省夏季特色旅游目的地

3.5.1 森林里的家·伊春

伊春市位于黑龙江省东北部,森林覆盖率为 83.8%,位居中国地级以上城市森林覆盖率首位,是黑龙江省主要森林生态旅游区,森林、河流等旅游资源极具特色,是森林观光、科普研学、康体度假旅游的好去处,被誉为"森林里的家",如图 3.17。

伊春市是全国重点国有林区、中国最大的森林城市、全省首批国家生态文明先行示范区、林业资源型城市经济转型试点和全国 9 个也是黑龙江唯一的国家公园试点城市。这里地域广阔,土壤肥沃,植被繁茂,物种繁多,资源丰富,拥有亚洲面积最大、保存最完整的红松原始林,为伊春赢得了"红松故乡"的美誉。境内风光秀美水域适宜开展各种漂流旅游,特别是生态系统保持完好的黑龙江,两岸植物繁茂,水丰谷幽,是世界稀有的旅游资源。伊春市月平均负(氧)离子浓度可达 3000~5000 个/cm³,6—8 月清凉舒适,平均气温 19.3 ℃,是一座"城在林中,林在城中",人与自然和谐相处,用绿色抒发情怀的城市。

伊春市自 2019 年开始争取创建全国第一批、东北第一个"中国天然氧吧城市",努力打造成全省天然氧吧创建的标杆、生态气象服务的试点、保障地方经济社会发展的示范区。2019年至 2021 年,伊春市逐步完成了境内 10 个县(市、区)的天然氧吧创建工作,全域各市(县)、区全部获得天然氧吧称号和授牌。

森林生态游。伊春市以"山水田园综合体"理念为核心,积极创建国家全域旅游示范区,嘉荫县 2020 年成为第二批国家全域旅游示范区,打造了伊春蓝莓小镇、嘉荫恐龙小镇等 10 个特色小镇,西岭山庄、溪水山庄等 88 个特色山庄,旅游公厕、免费无线网等基础和服务设施不断完善,与牡丹江、佳木斯等7个城市组成了龙江东部旅游产业联盟。

研学特色游。伊春市依托本市丰富的植物、动物、鸟类、木艺等研学旅游资源,深入挖掘森林研学特色,打造了伊春市中小学综合实践学校国家级研学营地,铁力林业局马永顺纪念馆、黑龙江新青国家湿地公园、汤旺河林海奇石景区、伊春永达工艺研学体验基地、九峰山养心谷研学实践教育基地等一批省、市级研学基地,研学旅游在伊春呈现出蓬勃发展的态势。

康养休闲游。伊春市拥有九峰山养心谷、西岭森林旅游度假区、美溪西岭森林旅游度假区、美溪回龙湾等休闲养生度假项目;拥有歧黄养生院、永翠河国际疗养院等多家"医养结合"机构;拥有桃山森林冰雪西岭、宝宇温泉酒店等温泉养生项目,其中桃山森林冰雪玉温泉被批准为第一批国家中医药健康游示范基地创建单位,桃山玉温泉森林康养基地开发了非节食减肥项目、"上膳玉豉"系列健康食养生项目等中医药健康旅游、温泉度假式服务,为伊春全域旅游发展培育了康养旅游新业态,对打造中医药文化养生旅游业态具有积极推动作用。

红色文化游。伊春市有着丰富的红色资源,2021年5月19日,市文广旅局发布了向文化和旅游部推荐的"建党百年百条精品红色旅游线路"和"体验脱贫成就·助力乡村振兴"线路。这条线路沿着小兴安岭风景观光廊道一路向北,将伊春旅游产品体系中红色、历史、生态、乡村等多个优质资源串点成线,每一个节点都独具特色。

森林自驾游。伊春境内交通网四通八达,出行十分便利,全市所有A级以上景区实现了公路全覆盖,串联北部主要景区的G222国道也已经全面改建完毕,沿途还配套有别具风情的自驾游驿站、汽车营地,能为自驾爱好者们提供完善的服务供给。经过多年深耕,形成了以森林观光、度假休闲、户外运动等多种体验于一体的自驾游产品供给体系,得到全国自驾游爱好者的广泛认可,树立了"林都伊春·森林里的家"自驾游品牌。

图 3.17　伊春市乌伊岭国家级保护区

3.5.2　中俄之窗·黑河

黑河市位于大兴安岭东端,小兴安岭北部,地处中高纬度,属寒温带大陆性季风气候,境内大体为"六山一水一草二分田"的地貌,山区占全市土地总面积的64.3%;森林资源富饶,是大小兴安岭生态屏障的重要组成部分,是全省三大重点林区之一,森林覆盖率为48.2%。黑河市与俄罗斯远东第三大城市布拉戈维申斯克市(海兰泡)隔江对望,是我国面向东北亚开放的重要门户,全国首批边境开放城市、国家级生态示范区和大小兴安岭生态功能区限制开发区,具有"中俄之窗""欧亚之门"的美誉。

黑河市生态优良,空气清新,气候舒适度时长为5个月,而且具有连贯性,极端天气较少,具有黑龙江、嫩江、湿地、火山、五大连池冷泉(图3.18)、边境城市、多元的北疆少数民族文化等优势旅游资源,拥有"瑷珲历史、中俄界江、少数民族、知青垦荒"四大文化,鄂伦春族"古伦木沓节"、达斡尔族"库木勒节"、满族"上元节""颁金节"等民族文化活动丰富;夏季可开展夏日森林避暑、冷泉疗养和中俄文化旅游等项目。

历史文化底蕴丰富。黑河市虽地处北方边陲,但历史渊源较长,古代遗址、遗迹较多,具有较高的历史价值,可供游人凭吊和游览。纵观黑河的历史,是一部饱含不屈精神的抗争史,在长期的抗俄、抗日斗争中,涌现出众多的民族英雄,形成了浓厚的爱国主义情怀。瑷珲古城、爱辉历史陈列馆、海关馆、知青馆、森林公园、卫国英雄纪念园等景点是体验黑龙江流域历史文化、接受爱国主义教育的优选目的地。

图3.18 五大连池世界地址公园

民族文化绚丽多彩。黑河市为多民族集聚地,有满族、鄂伦春族、达斡尔族、俄罗斯族等26个少数民族,各民族的融合发展共同缔造了爱辉古朴绚烂的民族民俗文化。黑河市积极发展鄂伦春特色民俗旅游,将保护传承鄂伦春族传统文化与开发民俗旅游结合起来,建设了体验鄂伦春原始文化的原始部落体验区、博奥韧广场,开发了刺尔滨河漂流探险、骑行远征、自然观光、垂钓度假等特色旅游项目,成立了瑟尔魄乌娜吉手工艺品厂和山货产品展销中心,开展"鄂乡邀你过大年""猎乡冰雪旅游季"等特色活动,成功举办黑龙江省鄂伦春族首届"古伦木沓节"、黑龙江省暨黑河市鄂伦春族下山定居60周年庆祝活动,让鄂伦春族传统祭祀火神活动重新焕发了活力,努力打造"北方狩猎第一乡"旅游品牌。达斡尔族旅游资源丰富,建成北疆达斡尔族最大"敖包"、达斡尔族南迁过江地主题广场、瑷珲乡野公园标识广场等，开发了坤河湿地公园，成立了达斡尔族传统文化哈尼卡、桦皮画手工作坊，鲟鳇鱼、挂袋木耳等地宫产品。黑河市是清世祖的发祥地，满族文化源远流长，已逐步打造和完善"一街、一府、两楼、多园、群馆"等一批有较深满族文化内涵和地方特色的旅游项目，连续多年举办满族"颁金节""莫勒真"大会活动，从祭祖祭祀、体育竞技、文艺汇演、满族传统美食等多方面，丰富文旅产业区域品牌。

异域风情独具特色。黑河市与俄罗斯远东第三大城市布拉戈维申斯克市(海兰泡)隔江相望，是中俄边境线上唯一一对规模最大、距离最近、规格最高、功能最全的口岸城市，异域风情让人流连忘返。与黑河一江之隔的俄罗斯布拉戈维申斯克市(海兰泡)，是阿穆尔州首府，州政治、经济、军事、文化中心，至今已有140多年的历史。在黑河的街道上，随处可见金发碧眼的俄罗斯游客。跨过黑龙江到对岸的布拉戈维申斯克市(海兰泡)，金碧辉煌的俄罗斯东正教教堂、寄托着俄罗斯人民对革命领袖和卫国战争英雄缅怀之情的列宁广场和胜利广场、记录阿穆尔州发展史的地质博物馆、独具特色的"木刻楞"民居、宏伟的结雅大桥，都会给游客留下难忘的印象。此外，通过黑河，游人可以参加黑河至哈巴罗夫斯克(伯力)、海参崴等城市观光游，黑河至莫斯科、圣彼得堡俄罗斯历史名城游，黑河至克拉斯诺亚尔斯克、北冰洋极地自然风光游，黑河至贝加尔湖冻土文化自然生态风光游等，每条线路都会让人流连忘返、回味无穷。

夏游激情漂流。沾河、库尔滨河是世界上少有的未受任何污染的冷水河，它们神奇的风光吸引了无数游人竞相漂流。沾河全长260 km，是小兴安岭北麓的最大河流，也是整个亚洲没有受到任何污染仍保持原始自然风貌的、流淌在原始森林里唯一的一条河流，中上游河段两岸群山交错，悬崖峭壁夹河而立，水流湍急，下游河段大多宽100 m以上，河水平稳如劲，清澈缓流。从1998年起，每年都有数十批国内外的旅游团队来到大沾河漂流垂钓，尽情享受这一最原始、最清澈、最凉爽、最刺激的全国漂流之最。

3.5.3　镜泊胜景·牡丹江

牡丹江市地处黑龙江省东南部，位于东北亚经济圈中心区域，属中温带大陆性季风气候，四季分明，气候宜人，空气湿润，植物茂盛，冬天寒而不冷，夏天热而不酷，素有"塞外江南""鱼米之乡"的美誉。牡丹江市是全省第二大旅游中心城市，旅游资源涵盖了各大类别，呈现"湖、林、雪、边、俗、特、红"七大特色，拥有奇特罕见的火山口"地下森林"，世界最大的火山熔岩堰塞湖——镜泊湖，剿匪英雄杨子荣战斗过的地方——林海雪原等特色旅游资源。

牡丹江市生态环境良好，境内森林覆盖率64%，年均负(氧)离子含量大于3000个/cm³，具备日照充足和煦的气候条件，有利于健身、养生，适宜康复疗养。夏季是到牡丹江康养旅游的最佳时间，尤其6—8月，牡丹江市平均气温为21.3 ℃，度假气候指数为最佳等级，在同类避暑胜地中占据明显的优势。此时牡丹江各县(市)天气凉爽、空气清新，茂密的森林、舒适的气候、优美的自然环境，使这里成为疗养、避暑的绝佳选择。人们既可以欣赏闻名遐迩的镜泊湖，还可以领略火山口地下森林的风采，更可以赴森林之约，呼吸高负(氧)离子的清新空气，享受清凉"氧"生之旅。

历史人文荟萃。牡丹江地区历史文化悠久，17万年前，牡丹江大地就有古人类活动；5万年前，旧石器时代就有人类生息劳作；3000年前满族祖先肃慎人在这片土地上揭开了牡丹江流域人类历史的篇章；1300年前"海东盛国"渤海国崛起并在此建都，盛极一时。从商周到满清，这里一直是北方少数民族居住地、满族发祥地、全国第三大朝鲜族聚居地，商周时期莺歌岭文化、唐代渤海文化、清代宁古塔流人文化、近代"闯关东"移民文化、开发建设北大荒知青文化等多种文化在此积淀传承,这里也是冷云等八位抗联女战士及杨子荣等众多英烈战斗过的地方,第二次世界大战的最后战场。民族民俗文化、红色历史文化和百年对俄交流文化相互交融,形成了牡丹江独具特色的文化体系和脉络,涌现出蒋开儒、宋青松、车行、潘长江、韩庚、耳根等一大批牡丹江籍文化和演艺界名人,形成了独特的"牡丹江文化现象"。近年来《爸爸去哪儿》《闯关东》《智取威虎山3D》等综艺节目和影视作品更让牡丹江景象走向全国。

地文景观丰富。牡丹江市地处山区,境内拥有构造剥蚀地形、剥蚀地形、剥蚀堆积地形、堆积地形和火山地形五大地貌类型,市域内中山、低山、丘陵、台地、平原俱全。复杂的地形地貌构成了陡峭的山峰、深邃的峡谷、神秘的火山口、烟波浩渺的火山堰塞湖与瀑布、形态怪异的岩洞与石林、熔岩台地、河流与湿地,全市共有名山、奇特山石、象形山石、小型岛屿和洞穴5个基本类型,43个基本类型实体,其中包括名山15座,丰富的地文景观旅游为游客提供独特的游览体验。

水域景色秀美。牡丹江市水资源丰富,牡丹江、穆棱河、绥芬河3个水系共有大小河流6677条,湖泊823处,已建成大型水库3座,中型水库3座,小型水库26座。地表水年平均径流约90亿 m³。人均水量3500 m³,远高于全省和全国人均水量。境内的河流、湖泊、涧溪、瀑布水质较好,绝大部分尚未遭到严重污染。镜泊湖(图3.19)为国内著名的火山堰塞湖之一,是国家级风景名胜区,吊水楼瀑布的再现,恢复了镜泊湖昔日的风貌;莲花湖湖面水域辽阔,烟波浩渺;海浪河、响水河水势缓急相间,适于开展大众水上漂流活动。全市共有风景河段、湖泊、瀑布、泉和其他水域5个基本类型,11处基本类型实体,可供开展科研、避暑、游览、观光、度假和文化交流活动。

边塞风光神秘。牡丹江市东部与俄罗斯接壤,边境线长达723 km,是跨国旅游的通道城市,地处哈尔滨、图们江、长白山、俄罗斯符拉迪沃斯托克(海参崴)五点居中的区位。在牡丹江乘飞机仅需50分钟即可到达俄罗斯滨海边区首府海参崴,可途经俄罗斯前往日本和韩国。绥芬河、东宁县两个县(市)拥有3个国家一类陆路口岸和牡丹江国际航空港,国门、互市贸易区、界碑、瞭望塔、军事要塞、俄式建筑以及"划归林"等构成了神秘的口岸风光。

图3.19 牡丹江镜泊湖

3.5.4 神州北极·漠河

漠河市地处黑龙江省北部,地势南高北低,南北呈坡降趋势,是中国最北、纬度最高的城市,素有"神州北极"的美誉。漠河是国内唯一能够观测北极光,体验极昼、极夜的地方,拥有"中国最北""龙江源头""神奇天象""圣诞世界""原始石林"等垄断性旅游资源,拥有圣诞村、最北滑雪、北极光节、冰雪节、国际蓝莓节、冰雪汽车赛、北极民俗等特色旅游项目。

漠河属于寒温带大陆性季风气候,具有"春秋分明,冬长夏短"的特点。漠河市常年6—8月份平均温度为16.6 ℃,可在夏季为人们带来十分舒适的生活环境。

避暑旅游。夏季,处于高纬度的漠河市是绝好的避暑胜地,幽幽的森林,涓涓的流水,徐徐的江风,一派原始生态的自然风光。林内空气纯净,含氧量和负(氧)离子极高,是最有利于人体健康的天然氧吧,如图3.20。

森林康养游。漠河利用原生态自然优势,开展中医旅游、中医养生、中医医疗等特色养老养生服务,让大兴安岭常见的山药材、山野菜变成餐桌上的家常菜,结合中药、药膳、针灸、推拿、按摩等方法达到养生保健、调理身心、放松情绪、延年益寿的目的。冰爽夏季、青山碧水、富氧空气和绿色食品均是让漠河成为旅居养生胜地,畅游林海、感受自然,住在最北养生院,或体验普通林区人民居家生活,远离亚健康。

寻北消夏游。神州北极是中国唯一极光观赏地,是世界第一大界江发源地,是东北亚最大天然绿色屏障,是中国寒温带首席生态旅游目的地,是盛夏避暑之都。中俄大界河——黑龙江起源于漠河,沿江而下可尽览两岸秀丽景色和异国风光。夏季清凉,是避暑度假和领略北极胜景的极佳之地。

图 3.20　漠河公园

3.5.5 龙江第一峰·凤凰山国家森林公园

黑龙江凤凰山国家森林公园(图 3.21)是国家 4A 级景区,坐落在黑龙江省东南部哈尔滨市五常市山河屯林业局有限公司施业区内,位于黑吉两省交界,总面积 51801 hm²,隶属森工集团总公司山河屯林业局有限公司。公园内海拔 1000 m 以上的山峰 89 座,主峰海拔 1696.12 m,为张广才岭之首。域内山势横亘逶迤,林海浩瀚苍莽,溪流纵横奔腾,山花烂漫绚丽。以大森林、大冰雪、大峡谷、大花园的恢宏气势和独具魅力被誉为"龙江第一峰",与辽宁千山、吉林长白山并称为"东北三大名山"。古人云:山有龙脉则名,地生风势则兴。凤凰山以其得天独厚的美丽形体与环境条件,吸引着众多的人们。

凤凰山国家森林公园位于中纬度,属温带大陆性季风气候,因良好的气候和复杂的地形地貌为区域内不同生态环境和生物景观的形成创造了条件,在区域内随着海拔变化形成不同的气象和物候景观,表现在:一年之中多变,一山之隔气候相反,山顶山下温差悬殊。这里是东北最好的避暑地。森林公园内森林茂密,森林覆盖率高达 91%,在全省范围内名列前茅,河网广布,空气清新,鸟语花香,生态环境良好,尤其是当夏季都市酷热难耐时,凤凰山国家森林公园却是舒适凉爽。独特的山区气候适宜城市居民开展避暑度假。凤凰山地区被专家评价为:"黑龙江省生物多样性最为丰富的地区之一",也是同纬度地带生态系统保存最为完好的典型代表。

空中花园景观。空中花园位于海拔 1675 m 的南凤凰山的峰顶。这里风景优美,景观独特,云雾缥缈,山峭石奇,使人置身于仙幻奇境之中,以奇、秀、险、幽而著称。花园内有十大奇观,宛如一幅天然画屏,享有"一山一石一幅画,一步一景一重天"之盛誉。

高山奇特景观。高山湿地又称高山"稻田"。在海拔 1500 m 以上的山岭上,硕大一片偃松围起的天然田埂内,长满平绒的江葱,虽经百载,仍高不盈尺,夏日翠绿,秋来金黄。人踏入稻田,便似醉汉般摇晃。有好奇者探查,下面竟是深不可测的稀泥浆,专家考证,这湿地便是张广才岭之"肾"。

凤凰山上还有一片神奇的由巨石堆积而成,面积数千平方米的石海。这些石头为火山石,与高山植物红景天一黑一红相映成趣。

公园内可看到高山岳桦、高山偃松、高山杜鹃等高山植物。奇桦学名岳桦,它们因为生长在高海拔处,受强冷空气的"欺凌",弯曲变形,冬天峭拔冷峻,夏季婀娜多姿,宛如盆景,广布在山脊中,引得诸多摄影家、画家闻风而至,"南赏黄山松,北看凤凰桦"由此扬名。高山偃松俗称"地爬松",它高不盈尺,松子如米粒般大小。山顶上遍布百余万株稀有的特种牛皮杜鹃,处在偃松群落之间,与苔藓相伴而生,只在西藏和凤凰山有零星分布。每年 6 月初杜鹃花竞相绽放,花期只有 10 余天。

凤凰山大峡谷。凤凰山大峡谷(又称陡沟子大峡谷),地处张广才岭西坡,是拉林河上游源头之一,面积 12452 hm²,谷内有黑龙瀑和凤尾瀑,为北方最大的峡谷瀑布群,黑龙峡长万米,落差近千米,最窄处不足 20 m,峡谷内的黑龙瀑落差达 100 m。凤凰山大峡谷被专家誉为黄河以北十四省垂直落差最大、伸展最长的峡谷。谷内山势连绵起伏,山峰峥嵘峻峭,林木郁郁葱葱,鸟鸣虫叫水泻,飞流迭翠,巨树成桥,天剩一线,峰生万态,奇松怪石组成了陡沟子大峡谷,别具深山老林的原始风韵。

图 3.21 凤凰山国家森林公园

第4章

黑龙江省春秋季旅游气候资源评估与服务

4.1 春季气候特征及地方标准旅游季节划分的春天

按照月份划分,黑龙江省春季为3—5月份,是冬夏季风的过渡季节,天气多变,气温变化大,空气干燥,降水少,多大风。各地季平均气温一般为—1.0~6.0 ℃,各地季降水量为50~100 mm,约占全年降水量的12%~17%,具有径向分布特征,表现为东多西少。

根据黑龙江省旅游季节的精细划分,黑龙江省春季的开始表现为降水相态的转换、江河开江和特定物候现象的出现:(1)黑龙江省冬季降水相态为降雪,冬春过渡时期是雨夹雪,降水由降雪完全转化成降雨,意味着季节已从冬末过渡到了春天。通常年份,黑龙江省大部地区4月上旬,正处于冬春过渡时期,天气较为复杂,变化极为剧烈,出现雨夹雪天气;到4月中旬后,降水相态由雨夹雪转为降雨。(2)4月上旬末到中旬,黑龙江省南部流域江河开江,江水温度高于0 ℃以上,日最高气温回升到10 ℃以上,日最低气温回升到0 ℃以上,日平均气温已稳定的进入0 ℃以上8~15天,可作为一个春天来临的标志(表4.1)。(3)与此同时,物候观测到植物正处于芽开放期,出现花芽,表明春天来临。因此,黑龙江省初春开始于4月中旬,春季开始后,随着气温的逐步回升,草泛绿、树抽青,春天的气息逐渐浓郁,以植物进入展叶期作为标志,4月下旬到5月上旬初春结束、阳春开始(表4.2)。

黑龙江省春季标准的温度指标精细划分是根据1989—2018年黑龙江省的旬平均气温和候平均气温资料(图4.1、图4.2)、2013—2018年松花江哈尔滨段开封江日期资料以及哈尔滨市2013—2018年物候观测资料对春季标准的温度指标进行精细化划分。

表4.1 2013—2018年松花江流域哈尔滨段的开江时间

开江时间	常年对比
2013年4月16日	开江偏晚
2014年3月30日	开江偏早
2015年4月2日	开江偏早
2016年3月8日	开江偏早
2017年4月5日	开江偏早
2018年4月2日	开江偏早

表 4.2　2013—2018 年及常年哈尔滨旱柳物候变化日期

物候名称		2013 年	2014 年	2015 年	2016 年	2017 年	2018 年	常年
芽开放期	花芽	4 月 5 日	4 月 6 日	4 月 12 日	4 月 8 日	4 月 8 日	4 月 7 日	4 月 12 日

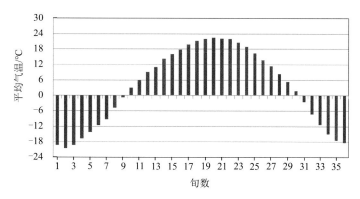

图 4.1　黑龙江省 1989—2018 年旬平均气温

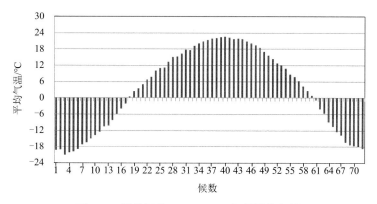

图 4.2　黑龙江省 1989—2018 年候平均气温

　　根据黑龙江省春季标准的温度指标精细划分,黑龙江省春季分为初春和阳春两个季节时段。其中,初春始于 4 月中旬,从 21 候到 22 候平均气温由 4.9 ℃升到 6.7 ℃;而这段时间正好是黑龙江省南部流域开江时间(表 4.1),以哈尔滨为例,松花江哈尔滨段常年平均开江日期是 4 月 9—10 日,这两日的历年平均气温为 5.5 ℃;此时也处于旱柳的芽开放期,常年哈尔滨旱柳芽开放期的花芽期是在 4 月 12 日前后,该日的历年平均气温为 6.4 ℃,综合考虑后将达到 6 ℃作为进入初春的温度指标。常年哈尔滨旱柳的展叶期在 4 月 25 日前后,该日的历年平均气温为 10.55 ℃,而 4 月 24 日的历年平均气温是 9.58 ℃,所以将 10 ℃定为进入阳春的初始温度,这与实际物候反映的节令变化相一致(表 4.2)。因此黑龙江省春天始于 4 月中旬,将连续 5 日滑动平均气温达到 6 ℃或以上首日作为春天的开始日,将连续 5 日滑动平均气温达到 10 ℃或以上首日作为阳春的开始日。

4.2　初春江河开江流凌

"春水初生,春林初盛",先有春水,然后才迎来万物萌发。龙江大地从冬眠中醒来的第一个标志,就是江河解冻,春流涌动。在黑龙江省,江河流域从南到北每年都有大约5~7个月的封冻期,在冬春和秋冬过渡时节,江河解除封冻或是在封冻之前,江面都会有一段流冰时期,就是民间所称的"跑冰排",这在黑龙江省是一大"盛景",也是一种"气象景观",因为"跑冰排"与气象条件息息相关。这种现象在气象上实际被称之为"流凌",流冰开始的日期叫作流凌日。流凌是一个复杂的热量交换过程,不仅受到气象与水文因子的影响,还受大气与江水的热交换过程的影响。而热量交换过程又与大气的升、降温强度和持续时间有关,要经过两、3个月时间的反复变化,才能使江河的水温从平均0℃以下(上)20℃左右升(降)到0.2℃上下。当春季日平均气温持续回升到0℃以上达到一定的时日,江(冰)水的温度升到0.2℃左右时,江面冰层裂开,形成大量的冰排顺流而下,定义为春季开江流凌,也即可以欣赏到初春的江河开江盛景——"跑冰排"。

4.2.1　流凌气候特点

黑龙江省境内共有四条主要的江河流域,分别是:黑龙江、嫩江、松花江和乌苏里江。各江河流域在春秋过渡季节均出现两次流凌。一次是出现在春天,天气回暖,大地解冻,冰层融化,当日最高气温回升到0℃以上,并且持续数日后,江面的冰层断裂,形成大块大块的冰排顺着水流向下游移动,形成春季流凌,流凌一般持续5~7天。当春季流凌出现,几天后冰排全部化开,江河水流便全面通畅了,开始进入一年当中的畅流期。另一次是出现在秋冬季节。当气温下降,日平均气温降到0℃以下,并且持续7~10天,江面上出现结冰,如果这时有升温过程,冰层出现断裂,形成大量的冰排,冰排顺流而下,形成冬季流凌。流凌持续时间一周左右。如果气温继续下降,江面封冻,开始进入一年的封冻期。一般来说,春季肯定会有"跑冰排",而秋季,有的年份,冰凌可以直接冻结,不出现"跑冰排"的景观,所以说,开江盛景多在初春时节。

4.2.2　江河开江

(1)开江形式:"文开江""武开江"

北方江河流域出现流凌,一般持续5~7天,冰排融化后,就标志着正式开江了。开江可分为"文开江"和"武开江"两种不同的方式。"文开江"和"武开江"是北方大江化冻时冰水共流时自然现象。"文开江"是冰块慢慢自行溶解,"跑起"的冰排是一块追逐着一块,静静地顺流而下,几天时间冰排全部化开,标志着已经开江。"武开江"则是出现强升温和西南或偏南大风出现时,江冰在外力的作用下突然开裂,江面上在一夜之间跑起冰排,气势磅礴,冰排之间相互撞击,隆隆作响,气吞山河,像万马奔腾。冰块之间激烈冲撞,时而冲天而起,时而冲击上岸卷起片片泥沙。非常的壮观,是难得一见的景观(图4.3)。

图 4.3 "武开江"

（2）"文开江"和"武开江"成因

"文开江"成因主要是气温缓慢上升,水流涨势较慢,能够畅通的在冰下流动,冰慢慢的融化和断裂,不会大规模冰上冰下同时流动。江面没有被冰造成严重阻塞。所以叫"文开江"。"武开江"主要原因是气温回升速度过快,水流涨势很快,水大量溢出冰面,冰在水的冲击下,逐渐挤压堆积在江面上,造成江面堵塞。堵塞到一个临界点时,大量的冰和水溃塌,形成非常壮观的"武开江",但是"武开江"的现象极少出现。

（3）"文开江"和"武开江"不同之处

①成因不同。上面讲过,不赘述。

②现象不同。"文开江"属于非常温和的冰水共流,偶有冰和冰的摩擦和碰撞,但是不会堆积阻塞河道。"武开江"造成大量的冰堆积河道,在水的冲击下排山倒海般往下倾泻,同时又会造成更多的冰堆积,会有更猛烈的倾泻。冰水倾泻时轰鸣声很大,所到之处摧枯拉朽。

③发生频率不一样。一般年份都是"文开江","武开江"现象极少。

④造成危害不一样。"文开江"几乎不会造成大的危害,但是"武开江"会造成江里的船只损毁,甚至会造成观景人员的伤亡,江边的渔民一般在封冻前将渔船全部推上岸,避免损失。

4.3 松花江及黑龙江的开江观赏地

4.3.1 松花江滨的省会——哈尔滨

哈尔滨是"一国两朝"发祥地,即金、清两代王朝发祥地。金朝第一座都城就坐落在哈尔滨市阿城区,清朝肇祖猛哥帖木儿出生在哈尔滨依兰,金源文化由此遍布东北,发扬全国。

哈尔滨是国家历史文化名城,简称"哈",别称冰城,黑龙江省辖地级市,地处中国东北地区、东北亚中心地带,是中国东北北部政治、经济、文化中心,是黑龙江省省会,东北北部地区最大的中心城市,被誉为欧亚大陆桥的明珠,是第一条欧亚大陆桥和空中走廊的重要枢纽,哈大齐工业走廊的起点,国家战略定位的沿边开发开放中心城市、东北亚区域中心城市及"对俄合作中心城市",是热点旅游城市和国际冰雪文化名城,素有"冰城""东方莫斯科""东方小巴黎"之称。

哈尔滨位于东经 125°42—130°10′,北纬 44°04—46°40′,气候属中温带大陆性季风气候,冬长夏短,四季分明,4—6 月份为春季,易发生春旱和大风,气温回升快而且变化无常,升温或降温一次可达 10 ℃左右。因为它的地理位置比较独特,所以有着得天独厚的地理优势,全年平均降水量 569.1 mm,降水主要集中在 6—9 月,夏季占全年降水量的 60%,集中降雪期为每年11 月—次年 1 月。许多人在不同的季节来到这里会有不同的感受,春天鸟语花香,夏天炎热短暂,秋天金黄硕果,冬天白雪皑皑,而哈尔滨的冬天则是享誉四方的冰城景观,一派千里冰封万里雪飘的美丽画卷。

4.3.2 松花江段哈尔滨站开江

当春天回暖时,松花江南岸部分区域逐步融化,一块块薄冰排顺流而下,北岸却还有冰,江面被江水和冰雪一分为二,形成一种"半江春水,半江寒冰"的独特风光。江面上飞鸟点点,鸟儿偶尔踏在浮冰上,饶有意趣;岸边,老牛低头饮水,自在逍遥。

哈尔滨春之序曲,就是从松花江开江、跑冰排开始的。当太阳的暖意把冰封了近 5 个月的松花江一点点融化。曾经冰冻三尺的松花江失去了寒冬时的威严,江边的雪不再洁白,而是灰灰的;江心水流处,融化后大小不一的冰块儿缓缓地顺流而下,在漩涡处,冰块儿打着转儿,撞击在一起,迸射起无数晶莹剔透的碎玉,声音清脆如风铃。这些在江水中"撒欢儿"的冰块儿,被东北人俗称为"跑冰排"。松花江上冰水交融的美丽景象,吸引了众多游客和摄影爱好者驻足。春风料峭、乍暖还寒时,江边有不少人为江心冰排的不断撞击惊叹。每年松花江的开江大致都在清明节前后,在民间人们还总结出这样的规律,"清明若在阴历二月,则先清明而开;若在阴历三月,则后清明而开"。根据近两年的实际情况,我们做了一下验证:2021 年清明节是农历二月二十三,而这年刚好在清明节前的 4 月 4 日,松花江就迎来了开江流凌。2022 年的清明节是农历三月初五,而 2022 年刚好是在清明节后,4 月 7 日松花江出现了开江流凌。不得不承认,老一辈人凭经验总结的开江规律有一定的准确性。不过,从科学的角度来说,每年具体开江的时间早晚是取决于当年的气温条件的,我们在多年预报服务中分析、研究并总结了一系列开江气象条件的指标:

(1)3 月下旬和 4 月上旬的平均气温比常年偏高,当年出现流凌将会偏早;若 3 月下旬和 4 月上旬的平均气温比常年偏低,当年流凌的出现将偏晚,因此 3 月下旬和 4 月上旬的旬平均气温是预测流凌趋势早晚很重要的因素。

(2)进入 3 月到 4 月上旬,日平均气温稳定在 0 ℃以上,累计天数达到 7～15 天,松花江哈尔滨段开始出现流凌;

(3)当日平均气温稳定通过 0 ℃,同时最低气温也回升到 0 ℃以上时,持续 1～3 天,松花江哈尔滨段开始流凌;

(4)日最高气温回升到 10 ℃以上,持续的天数达 5～10 天,松花江哈尔滨段达到流凌指标。

每年春季开江流凌时,独特的北国风光不亚于钱塘江之潮。几乎是一夜之间,前一天还冰雪巍然的江面,第二天早上,却会隐隐听见隆隆声响,这是江面冰层断裂的声音,也是松花江进入开江期的预告。进入开江期之前的冬末,人们就不可以再从冰面穿行了,因为江面冰层已经不牢固,可能会出现坍塌。开江并非松花江某一天突然间化冰为水,而是有一个渐进的过程,直到 4 月中下旬,才会有一江春水泱泱,浩浩汤汤。

松花江开江也有"文开江"和"武开江"的区别。"文开江"之时,江面冰层温柔地逐步融化,没有化尽的浮冰被波浪起伏的江水裹挟着漂向下游,江面上时时有小块儿的冰排撞击,为春天增添了些许美丽的音符;"武开江"则比较少见,场面十分壮观,原本静谧的江面会突然发出闷雷一样的声响,江上冰面一下子鼓起来,旋即崩裂成无数冰块,冰块一时难以顺水下泻,被涌至岸滩,形成一堵冰坝,俨若冰河之崩溃。"武开江"往往会遇到狂风,在汹涌江水的裹挟下,巨大的冰块撞击在一起,炸雷般轰鸣。在冰山和咆哮江水的拍击下,岸边的船舶、行人、房屋、建筑等瞬间就会被摧毁。

说到松花江开江,不能不说一说鲜美的开江鱼。大鳇鱼、鲤鱼、胖头、白鱼、鳌花、鳊花等是最受哈尔滨人喜欢的美味。还有鲫鱼、鲶鱼、狗鱼、黑鱼、嘎牙子、牛尾巴鱼等则一律被称为江杂鱼。松花江就是这样丰饶。据历史记载,自 1 000 多年前开始,每到开江时节,松花江边的人们都要进行祭江大典,表达对母亲河的热爱,也希望江神能够保佑江边居民平安。千百年过去了,每年开江,仍有不少市民来到江边,用双手抚摸开江冰,希望得到江神的庇佑,祛病祈福、驱灾辟邪,求得新一年的平安喜乐。著名作家迟子建曾说,她最爱哈尔滨的就是,"一条松花江穿城而过,把整个城市带得活了起来"。松花江开江,给沿岸带来了无限生机和活力,沿江各地都会举办开江节。仪式上,老渔翁带领渔民们抬上一二百斤的开江头鱼。品尝着鲜美的开江鱼,双手沾一沾刚刚从冰雪融化成的松花江水,一年的花开与吉祥从此刻启幕——哈尔滨的春天来了!

4.3.3　黑龙江岸边小城——呼玛

黑龙江省呼玛县,是黑龙江边的一座百年老县,它山川秀美,风景如画,生态旅游资源得天独厚,有"黑水镶边、黄金铺路""金鸡冠上的绿宝石"之美誉,是"国家级生态文明示范区""中国最北高寒生态农业之乡",先后荣获"中国避暑养生休闲度假旅游最佳目的地""首批国民休闲旅游胜地""人文生态旅游基地""最美生态休闲旅游名县""中国最具文化魅力旅游名县"等称号。

呼玛县地处中高纬度,属寒温带大陆性季风气候,处于第五至第六积温带,年平均气温−0.4 ℃,年平均风速 1.7 m/s,年日照时数 2564 小时。根据 2012 年 3 月 1 日实施的中华人民共和国国家标准《人居环境气候舒适度评价》(GB/T 27963—2011)评价,全年度假气候指数6、7、8 月为舒适等级,5、9 月为较舒适等级。气候四季鲜明、各具特色,春之呼玛兴安杜鹃花开生机盎然,山花烂漫山泉叮咚;夏之呼玛林海浩荡凉风宜人,是避暑之胜地,碧波荡舟黑龙江上,赏界江风光似画中游;秋之呼玛"五花山色",山峦叠嶂,五彩斑斓,醉人心脾,秋风送爽宜登高望远;冬之呼玛千里冰封万里雪飘,银装素裹分外妖娆,好一派北国风光。生态环境良好,独特的大冰雪、大森林、大界江、大湿地、古驿站、少数民族风情等自然和人文景观独特,这里已成为现代人找冷、找奇、找北、找纯、找净的理想之地。

4.3.4　黑龙江段呼玛站开江

松花江全线开江之后,等待大家是更加壮美的黑龙江的开江盛景。黑龙江每年有长达

180 多天的冰封期,看冬季的黑龙江宛如横卧在东北的一条白色银龙;除了冰封期,黑龙江最值得观赏的景色,就是北国的春天每年的观开江和赏冰排;每年的谷雨前后,黑龙江上厚厚的冰层开始逐步融化,涌动的江水托着涌动的冰排,声势浩荡,下面将要介绍的是黑龙江独特的"开江美景"。

黑龙江的开江日期一般在 5 月初,且受地理条件和江河本身特点影响,黑龙江在历史上"武开江"的年份要远远多于松花江,因此景象更加壮观,而在黑龙江沿线,开江景观最为有名的当属黑龙江的呼玛县莫属。呼玛县拥有 371 km 紧邻界江的边境线,航道曲折、江面不规则,使得开江"跑冰排"在这里会形成或急或缓、或快或慢的节奏,成为边城呼玛县一年一度的独特景观。

经过 6 个多月的冰封季,中俄界江黑龙江的呼玛段,大多数年份都会在 5 月上旬迎来一年一度的春季"流冰期"。"流冰期"是介于江面封冻期和明水期之间的过渡状态,持续约几天时间,比较短暂。江水由冰冻转为解冻的状态会形成"跑冰排"景观,一个个大小不一、形状各异的冰排像冰晶、像假山、像冰川,互相撞击、顺江而下,犹如千军万马嚓嚓作响,仿佛玉器碰撞的声音,景象壮观。

"南有钱塘观潮,北有呼玛开江"主题文化旅游品牌已经逐年叫响,截至 2022 年,呼玛县已经举办九届开江主题文化周活动,"跑冰排"成为边城呼玛县一年一度的独特景观,也吸引了众多游客和摄影爱好者纷至沓来。

每年的 4 月末至 5 月初,随着春天脚步的日益临近,和俄罗斯一江之隔的边城呼玛,即将上演让八方游客魂牵梦绕的黑龙江壮美的开江时刻,还有在盛大的"开江主题文化周活动"中鄂伦春民族最后一名萨满率领族人一起"喊江醒鱼""祭江祈福"的神秘仪式及中俄文化交流等活动。

4.3.5 凌汛险情及气象服务

黑龙江省境内主要有四大流域,航运事业正在蓬勃发展,为了确保航运安全,黑龙江省的安全水上航运越来越依赖于航运气象。从 20 世纪 80 年代开始,黑龙江省气象服务中心开始做航运气象服务工作,目前为航运部门做的一项专业专项预报为开江流凌预报,经过近 40 年的航运气象服务工作,同时通过科研人员课题总结,气象服务人员已经积累了丰富的航运气象预报经验。精准、实用的航运气象预报为黑龙江省的航运船舶通航保驾护航。未来黑龙江省气象服务中心将把流凌专业专项预报扩展到黑龙江省境内的主要的四大流域,这也是黑龙江省气象服务中心未来拓展航运气象服务的发展方向。

开江流凌给我们带来震撼的美景,但江河由冰封转为开江的流冰期也可能造成凌汛险情出现。

如每年的清明节前后,松花江哈尔滨段迎来一年一度春季开江流冰期,在此时节哈尔滨市多部门联动,全力以赴有序开展防凌汛工作。而"五一"节前后,黑龙江呼玛段 371 km 江面陆续迎来开江时,为防止"倒开江"对沿岸生产生活造成影响,呼玛县气象部门会同应急、水务、边防、公安等部门密切监测水情,对易卡塞江段的高风险区域实时分析研判,提前进行了防凌爆破,后续还会加大监测力度,防止发生冰坝险情,为老百姓生产生活提供保障,全力做好防凌汛气象服务工作,保障防凌安全。

对于春季凌汛,每年的 3 月初,黑龙江省气象服务中心都要为航运局、航道局提供流凌的长期趋势预报。一方面为用户提早地利用畅流期,另一方面还要避免开江时凌汛险情发生,因此做好江河流域的流凌预报十分重要。

目前黑龙江省气象服务中心负责黑龙江黑河段和松花江哈尔滨段的流凌的趋势预测以及重大天气信息和预警信息的发布,根据发布的流凌气象专报,省航道局和水文局可以提前安排部署,避免凌汛险情的发生。

4.4 黑龙江省春季花期气象条件分析

4.4.1 按照地方标准旅游季节精细定义的春天

按照地方标准旅游季节精细定义的春天,将连续 5 日滑动平均气温达到 6 ℃或以上首日作为春天的开始日,初春开始后,随着气温的逐步回升,草泛绿,树抽青,春天的气息逐渐浓郁,以植物进入展叶期作为标志,4 月下旬到 5 月上旬初春结束,阳春开始。将连续 5 日滑动平均气温达到 10 ℃或以上首日作为阳春的开始日。表 4.3 是黑龙江省各地市初春和阳春平均出现时间。

表 4.3 地方标准划分的黑龙江各地市春季开始日期

站名	春季	
	初春(月.日)	阳春(月.日)
加格达奇	4.26	5.11
黑河	4.20	5.07
齐齐哈尔	4.13	4.25
伊春	4.20	5.07
鹤岗	4.18	4.27
绥化	4.13	4.27
佳木斯	4.13	4.27
双鸭山	4.13	4.27
哈尔滨	4.11	4.25
鸡西	4.14	4.27
牡丹江	4.13	4.26

按照地方标准旅游季节精细划分的春天,黑龙江省大部地区入春时间在 4 月中旬,仅加格达奇入春时间为 4 月下旬,各地初春 9~17 天;有 8 个地市阳春开始于 4 月下旬,北部地区的黑河和伊春 5 月上旬阳春开始,加格达奇的阳春开始于 5 月中旬,各地阳春 32~45 天。表 4.4 是黑龙江省各地市初春和阳春常年出现天数。

表 4.4 地方标准划分的黑龙江各地市春季时长

站名	春季	
	初春(d)	阳春(d)
加格达奇	15	38
爱辉	17	35
齐齐哈尔	12	32
伊春	17	38

站名	春季	
	初春（d）	阳春（d）
鹤岗	9	45
北林	14	31
佳木斯	14	37
双鸭山	14	36
哈尔滨	14	32
鸡西	13	45
牡丹江	13	37

4.4.2 哈尔滨春季花期气象条件分析

（1）花期与日最高气温

按照地方标准旅游季节精细划分，哈尔滨初春开始于 4 月 11 日，结束于 4 月 24 日，这段时间的 30 年平均日最高气温为 12.4～16.5 ℃。阳春开始于 4 月 25 日到 5 月 26 日，这段时间的 30 年平均日最高气温为 16.8～23.6 ℃（图 4.4）。从初春到阳春可以看出，哈尔滨的最高气温是呈逐日上升的趋势，初春最高气温为 12～17 ℃，白天是温暖舒适的，阳春的最高气温为 16～24 ℃，是人体感觉最温暖舒适的温度，因此，从初春到阳春的温度有利于万物生长，树木由芽开放期到展叶期，小草由泛绿到转绿，一个充满生机的春天开始展现。可见，从初春到阳春是哈尔滨春花初绽到大面积盛开的最好时节。

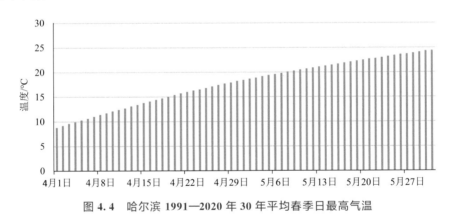

图 4.4 哈尔滨 1991—2020 年 30 年平均春季日最高气温

（2）花期与日最低气温

按照地方性旅游季节的精细划分，哈尔滨初春开始于 4 月 11 日，结束于 4 月 24 日，这段时间的 30 年平均日最低气温为 0.6～4.2 ℃。阳春开始于 4 月 25 日到 5 月 26 日，这段时间的 30 年平均日最低气温为 4.5～11.8 ℃（图 4.5）。从初春到阳春可以看出，哈尔滨的最低气温是逐日上升的趋势，初春最低气温为 0～4 ℃。此时哈尔滨还没有完全结束终霜，但一些耐寒的树木像东北连翘、迎春花、小草、旱柳已经"耐不住寂寞"，早早地从冬眠中"苏醒"，作为春天的"使者"，向人们报告春天的到来。阳春的最低气温是为 4～12 ℃，此时节终霜结束，温度是最有利万物快速生长的季节，树木逐渐变得枝繁叶茂，小草像绿油油的地毯，春花大面积绽放，一个绿意盎然、姹紫嫣红的北国春天展现在人们面前。

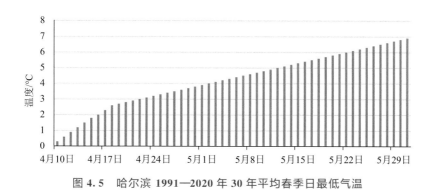

图 4.5　哈尔滨 1991—2020 年 30 年平均春季日最低气温

4.4.3　伊春春季花期气象条件分析

（1）花期与最高气温

按照地方标准旅游季节精细划分,伊春初春开始于 4 月 20 日,结束于 5 月 6 日,这段时间的 30 年平均日最高气温为 13.1～17.7 ℃。阳春开始于 5 月 7 日到 6 月 13 日,这段时间的 30 年平均日最高气温为 18.0～24.2 ℃(图 4.6)。从初春到阳春可以看出,伊春的最高气温是逐日上升的趋势,初春最高气温为 13～18 ℃,白天是温暖舒适的;阳春的最高气温为 18.0～24.2 ℃之间,是人体感觉最温暖舒适的温度,同时这样的温度使得万物迅速进入生长期,因此,每年进入 5 月份,伊春温暖的春天才"姗姗而来",林间的冰雪还未完全融化,高大的红松刚刚露出新芽,而小兴安杜鹃已经变成了花的海洋。伊春杜鹃的开放,也标志着我省北部伊春春天的到来,因此这一时期是伊春观赏杜鹃花海的最好时节。

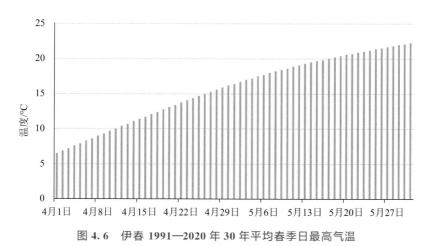

图 4.6　伊春 1991—2020 年 30 年平均春季日最高气温

（2）花期与日最低气温

按照地方标准旅游季节的精细划分,伊春初春开始于 4 月 20 日,结束于 5 月 6 日,这段时间的 30 年平均日最低气温为 −0.3～3.0 ℃。阳春开始于 5 月 7 日到 6 月 13 日,这段时间的 30 年平均日最低气温为 3.2～11.1 ℃(图 4.7)。从初春到阳春可以看出,伊春的最低气温是逐日上升的趋势,初春最低气温为 −1～3 ℃,此时伊春早晚还会出现霜或霜冻的,万物虽然开始萌发,但生长速度较慢。阳春的最低气温为 3.0～11.1 ℃,5 月 7 日到 5 月 16 日,最低气温为 3～5 ℃,山区的温度会更低一些,此时山区和低洼地块还是有霜或霜冻的。5 月 17 日—6 月 13 日日平均最低气温为 5.0～11.1 ℃,这样的温度有利万物迅速的进入生长季节,因此,每年伊春小兴安岭的杜鹃花海最盛的花期就出现在 5 月份。

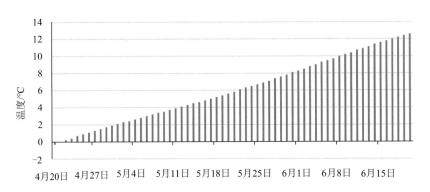

图 4.7　伊春 1991—2020 年 30 年平均春季日最低气温

4.4.4　大兴安岭春季花期气象条件分析

根据兴安杜鹃的生长习性,喜凉爽湿润的气候,恶酷热干燥。温度、湿度和光照对兴安杜鹃的生长发育有着密切的关系,其中,气温是影响灌木植物的主要因子,直接影响花芽形成和花蕾的发育,是控制开花的主要因素之一。以 2020 年冬季为例(2020 年 12 月至 2021 年 2 月),大兴安岭冬季的平均气温为 -20.8 ℃,较常年同期值(-21.7 ℃)偏高 0.9 ℃,同时,进入 3 月中旬后,气温继续偏高,导致杜鹃花开得要早一些。另外,当年兴安杜鹃主要分布区域冬季平均降水量为 13.1 mm,较常年偏多 14.2%、冬季平均日照时数为 549.6 小时,较常年同期值(528.7 小时)偏多 20.9 小时。适宜的湿度和充足的光照也是 2020 年杜鹃花期提早的主要原因。

(1)大兴安岭春季花期与最高气温

按照地方标准旅游季节精细划分,加格达奇初春开始于 4 月 26 日,结束于 5 月 11 日,这段时间的 30 年平均日最高气温为 13.9～18.0 ℃。阳春开始于 5 月 12 日到 6 月 17 日,这段时间的 30 年平均日最高气温为 18.2～25.0 ℃(图 4.8)。从初春到阳春可以看出,加格达奇的最高气温是逐日上升的趋势,初春最高气温为 13～18 ℃,白天是温暖舒适的;阳春的最高气温为 18～25 ℃,是人体感觉最温暖舒适的温度,同时这样的温度使得万物迅速进入生长期,因此每年进入 5 月份,加格达奇温暖的春天才来到。兴安杜鹃从 4 月下旬开始次第开放,到了 5 月中旬前后兴安杜鹃已变成了花的海洋。加格达奇杜鹃的开放,也标志着黑龙江省北部加格达奇春天的到来,因此,从 4 月下旬到 5 月是兴安岭观赏杜鹃花海的最好时节。

(2)大兴安岭春季花期与最低气温

按照地方标准旅游季节的精细化分,加格达奇初春开始于 4 月 26 日,结束于 5 月 11 日,这段时间的 30 年平均日最低气温为 -0.6～2.4 ℃。阳春开始于 5 月 12 日到 6 月 17 日,这段时间的 30 年平均日最低气温为 2.6～10.8 ℃(图 4.9)。从初春到阳春可以看出,加格达奇的最低气温是逐日上升的趋势,初春最低气温为 -1～3 ℃,此时加格达奇早晚还会出现霜或霜

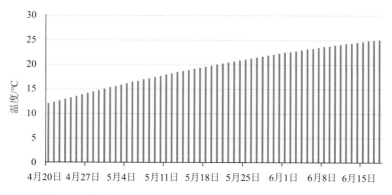

图 4.8　加格达奇 1991—2020 年 30 年平均春季日最高气温

冻,万物开始萌发,但生长速度慢些。阳春的最低气温为 3.0～11.1 ℃,在阳春时段气温回升较快,气温条件有利于花草树木快速生长。因此,在通常情况下,每年进入 5 月,可以看到加格达奇兴安岭的杜鹃花海盛期。兴安杜鹃是大兴安岭的报春使者,它总是最先感受到春天的气息,然后用饱满的热情,发出一声春天的音符,此时花叶未绿,花已经悄然开遍山岭。

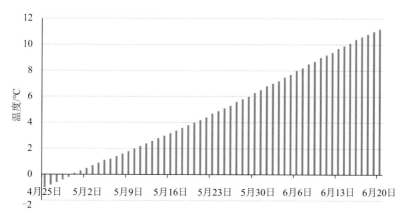

图 4.9　加格达奇 1991—2020 年 30 年平均春季日最低气温

从最高、最低气温分析来看,哈尔滨、伊春、加格达奇初春的最高气温为 12～18 ℃,阳春最高气温为 16～25 ℃,但各地的初春、阳春时段出现的时间点不同,由南向北时间逐渐向后推迟,因此,黑龙江省春天的到来是由南向北逐渐推进的,南部地区是 4 月上旬开始进入早春,北部地区是 4 月下旬进入早春。各地在阳春时节春花大面积盛开,并进入盛期,这个时节选择阳光明媚、风轻云淡的日子去春游,万物蓬勃生长、春花烂漫、姹紫嫣红,人们可以尽情地享受大自然赐予的美好景致,置身其中真的会令人心旷神怡,留恋忘返。不过此时节哈尔滨、伊春、加格达奇初春的最低气温为 −0.6～4.2 ℃,阳春为 2.6～11.8 ℃,这样的温度还是较低的,人体感觉较凉。这一时节,昼夜温差大,昼暖夜凉,计划外出旅游赏春的朋友早晚还是要注意做好保暖准备。

4.5 黑龙江省春季赏花地图

进入初春,随着气温不断攀升,许多细心的人们发现,一些心急的小草,一夜之间"露头",小树也抽出芽苞,此时也处于旱柳的芽开放期。从初春开始到阳春,正是黑龙江省春花次第开放的季节,到了阳春,是春花大面积开放的盛期。若这一时节到黑龙江省一游,可以观赏到姹紫嫣红的北国春天。

4.5.1 哈尔滨赏花时间表及赏花地点

春天的哈尔滨有很多种花要盛开,哈尔滨这个最美的赏花季里,迎春花、桃花、丁香、杏花、杜鹃、梨花……何时盛开?哈尔滨市4月中旬后进入花期季,因地域特点决定了开花多的是一些灌木、亚乔,包括东北连翘、京桃、山杏、重瓣榆叶梅、小桃红、丁香、暴马丁香、黄槐、稠李、山桃稠李、海棠类等。这些都是市民能在街边、庭院、公园常见的树种,花期持续到6月份。

哈尔滨是中国著名的历史文化名城和旅游城市,素有"文化之都""音乐之都"的美誉,还有"共和国长子""冰城""天鹅项下的珍珠""东方莫斯科""东方小巴黎"以及"冰城夏都"等美称。哈尔滨地处东北亚中心位置,被誉为欧亚大陆桥的明珠,是第一条欧亚大陆桥和空中走廊的重要枢纽。哈尔滨境内的大小河流均属于松花江水系和牡丹江水系,降水主要集中在6—9月,全年平均降水量569.1 mm。气候属中温带大陆性季风气候,冬长夏短,有"冰城"之称。全市已发现的矿种有63种,已探明资源储量的矿种共计25种,其中,能源矿产1种,金属矿产10种,非金属矿产14种。全市共有自然保护区12个,其中,省级自然保护区4个,自然保护区面积11.94万 hm²。列入国家一二类重点保护的野生动物50种,国家一二级重点保护植物7种。

交通便利,连接中西文化。哈尔滨铁路主要有哈大、滨绥、滨州、滨北、拉滨5条铁路连通国内;哈尔滨水运航线遍及松花江、黑龙江、乌苏里江和嫩江,并与俄罗斯远东部分港口相通,船舶可直达日本、朝鲜、韩国和东南亚地区;哈尔滨太平国际机场现已成为东北亚重要的航空港。独特的地理位置造就哈尔滨这座具有异国情调的美丽城市,不仅荟萃了北方少数民族的历史文化,而且融合了中西文化,是中国著名的历史文化名城和旅游城市。

市花——丁香吐芬芳。哈尔滨所处的纬度较高,所以整体气温较低,冬季漫长寒冷,夏季比较短暂,适合耐寒的花卉植物生长。丁香花在哈尔滨是开放较早的花朵,花色艳丽,清香远溢,观赏价值极高。不仅如此,丁香在哈尔滨栽培历史悠久,象征着不畏严寒,努力拼搏的精神,深受市民喜爱。1988年4月12日,哈尔滨市第九届人大二次会议审议通过《关于丁香花为哈尔滨市花的决定》,确立哈尔滨市市花为丁香花。丁香寓意"家中人丁皆有好名声,如花之香"。哈尔滨的春季短暂,丁香花恰在春夏之交绽放,令春日的冰城到处充满馥郁的花香。

特色美食融合中西贯穿古今。哈尔滨红肠是哈尔滨的特产代表。哈尔滨红肠做法精良,产品光泽起皱,熏烟芳香,味美质干,肥而不腻,蛋白质含量高,营养丰富,且有近百年的历史,是哈尔滨的标志食品。红肠起源于1913年,哈尔滨因修建中东铁路,英商马前氏投资5.5万英镑,在哈尔滨建立当时中国最大的畜产品加工企业——"滨江物产英国进出口有限公司",主要经营畜禽屠宰及肉类加工,这就是"哈肉联"的前身。公司引进俄籍大技师爱金宾斯的红肠加工技术,建成灌肠厂房,生产出哈尔滨"第一根红肠",标志着"哈肉联红肠"的诞生,成为中国最早的肉灌制品加工企业。

"大列巴",又叫大面包("列巴"是俄语面包的音译),因为个大,所以前面冠以"大"字。"大列巴"是哈尔滨的特产,从俄罗斯传入,香味浓郁,口味微酸,具有传统的欧洲风味。作家秦牧当年来哈尔滨有句"面包像锅盖"的比喻,说的就是秋林"大列巴"面包。它的标准直径在 25～27 cm 之间,厚度在 15 cm 以上,面包净重有 2500 g 左右,它的膨化程度比一般的面包要厚重些。在哈尔滨经常见到排队买"大列巴"面包。"大列巴"个头很大,吃"大列巴"先切成片,再抹上自己喜欢的果酱,或者搭配哈尔滨红肠一起吃。也可以把列巴撕碎放到汤和牛奶里吃,容易消化。"大列巴"营养价值很高,它含有蛋白质、脂肪、碳水化合物、少量维生素及钙、钾、镁、锌等矿物质。"大列巴"是全麦面包,拥有丰富的膳食纤维,面包松软,易于消化。

"锅包肉"原名"锅爆肉",光绪年间始创自哈尔滨道台府府尹杜学瀛厨师郑兴文之手。"锅包肉"色泽金黄,口味酸甜。由于外国人喜欢吃甜酸口味,为适应外宾口味,厨师把咸鲜口味的"焦烧肉条"改成了一道酸甜口味的菜肴。"锅包肉"做法很简单,将猪里脊肉切片腌入味,裹上炸浆,下锅炸至金黄色捞起,再下锅拌炒勾芡即成。

"烤冷面",是哈尔滨常见的地方特色小吃。烤冷面制作方法简单,可以用鸡蛋,香肠等辅助材料,主要蒜蓉酱、番茄酱、辣酱、醋、白糖等作为调味剂。烤冷面的成本低,味道极好。所用冷面早期为普通冷面,后期使用特制冷面(比市面常见的冷面要薄、软,且加工后不需要经过晾晒的过程),柔软,可直接食用。

"风干口条"是黑龙江省哈尔滨市的特色小吃,是哈尔滨正阳楼的名产,相传已有150多年历史,其特点是不软不硬,咸淡适口,越吃越起香,滋味深长。它是一种运用风干的技术所制作而成的美食,口条是大众都爱吃的食品之一,风干之后耐储存,无论何时品尝,风味都是独特的,入口的肉质更加富有弹性和嚼劲,且味道也是十分清香鲜美。

哈尔滨熏鸡是哈尔滨的一大特色美食。熏鸡色泽枣红明亮,外皮脆韧,肉质细嫩,酥香软烂,香而不腻,咸淡适宜,回味悠长,而且营养丰富。

哈尔滨是著名的历史文化名城和旅游胜地,气候凉爽宜人,是避暑胜地之一,还有很多种当地著名的小吃,有机会一定到哈尔滨一游。下面我们就从春天观赏春花开始吧!

(1)迎春花

4月是迎春花花开的好时节。当园林和田野依然乍暖还寒,万籁俱寂的时候,唯有迎春花纤枝婆娑,点点金黄,美丽的花朵竞相开放,让人们感知春天已经来临了。

迎春花又名金梅(图 4.10)、金腰带、小黄花,系木犀科落叶灌木,因其在百花之中开花最早,花后即迎来百花齐放的春天而得名,它与梅花、水仙和山茶花统称为"雪中四友",是中国名贵花卉之一。迎春花不仅花色端庄秀丽,气质非凡,而且具有不畏寒威,不择风土,适应性强的特点,历来为人们所喜爱。

迎春花花期在4月中旬,赏花地点在哈尔滨游乐园、兆麟公园、斯大林公园、九站公园、顾乡公园、建国公园以及新阳路、学府路、三合路。

(2)京桃

4月底京桃花盛开(图 4.11),京桃是一种优美的观赏树种,在黑龙江省有部分野生分布,但人工京桃花栽培的还不多见。4月底,在斯大林公园已经能看到京桃花开始陆续绽放。京桃花开了,它带来了春天,带来了美丽,带来了欢乐,使每一个欣赏过它的人,都盼望与它合影

图 4.10　迎春花

永远留在人间。

京桃花盛开时节,繁花满枝,五彩缤纷。红的若朝霞,粉的如胭脂,绿的似翡翠,白的像瑞雪,姹紫嫣红、交相辉映,令人目不暇接。伴着阵阵微风,飘来的缕缕花香,沁人心脾,更让人陶醉。如果没有往来的车辆,那里就是陶渊明笔下的世外桃源。

京桃花的花开期是在 4 月底,花期为 16～22 天。赏花地点在斯大林公园,平房公园以及月牙街、文政街、中源大道。

图 4.11　京桃花

(3)榆叶梅

四月底榆叶梅进入花期(图 4.12),榆叶梅因叶似榆叶而得名,是我国北方地区普遍栽培的早春观花树种。其花色、花形美丽,惹人喜爱,尤其是盛花时,深浅不一的桃红色花朵密布于半球形的树冠上,灿烂夺目、美丽壮观。

图 4.12　榆叶梅

榆叶梅的花语是春光明媚、花团锦簇和欣欣向荣,每个季节总有一些花儿会为这个世界增添点色彩,榆叶梅便会在春天贡献出自己一团又一团的红色花朵,整棵植株布满的花朵让榆叶梅象征着春天,象征着美好。

花期在 4 月下旬的还有重瓣榆叶梅,赏花地点在哈尔滨工程大学、哈尔滨游乐园、兆麟公园、斯大林公园、九站公园、顾乡公园、南直路、和兴路、征仪路。

(4)杜鹃花

4 月底杜鹃花陆续开放(图 4.13),杜鹃是双子叶植物纲、杜鹃花科,又名映山红、山石榴。相传,古有杜鹃鸟,日夜哀鸣而咯血,染红遍山的花朵,因而得名。杜鹃也是中国十大名花之一。杜鹃花可以说是花美、叶美、用途广泛。五彩缤纷的杜鹃花,唤起了人们对生活热烈美好的感情,它也象征着国家的繁荣富强和人民的幸福生活。这就是人们热爱杜鹃的真谛。白居易曾经写过"闲折两枝持在手,细看不似人间有,花中此物是西施,芙蓉芍药皆嫫母。"诗人赞美杜鹃,把杜鹃比作了花中的西施。杜鹃花一般春季开花,每簇花 2～6 朵,花冠漏斗形,花色繁茂艳丽。当春季杜鹃花开放时,满山鲜艳,像彩霞绕林,不愧为"花中西施"。赏花地点在黑龙江省森林植物园。

(5)李子

4 月下旬李子开花(图 4.14),李子树是一种常见的果树,又称樱桃李。它是一种落叶树,春季发芽,冬季落叶,高度约 8 m,耐寒、耐旱、温暖、耐阴、排水良好。李子树 4 月下旬开花,花期约一个月。花通常生长 3 朵,直径 1.5～2.2 cm。开花时满是白花,花期长,观赏价值高,因此李子树的花期备受关注,他们是春天最亮的花朵,广泛应用于园林绿化。

李树开花寓意着纯洁,李树的花朵为纯白色,花朵比较小,比较茂密,显得很清纯、素雅、质朴,可以用来比喻清纯美丽的女孩子。李树开花也寓意着知恩图报,古代就有"投桃报李"的说

图 4.13 杜鹃花

图 4.14 李子花

法,象征着两个人之间的互帮互助,友爱,代表着做人要知恩图报。李树如果跟桃树种植在一起,可以寓意着"桃李满天下",用来赞扬老师的美德,夸赞老师,也可以寓意着逃离。李树开花花期在4月下旬,观赏地点在三合路等。

（6）杏花

4月下旬至5月初杏花开放（图4.15）,杏花是一种耐寒却不耐热的植物,原产于中国北方,现在分布较为广泛。它属蔷薇科落叶乔木,叶片呈圆卵形,深绿色,杏花一般多种植在山丘,丘陵和梯田上,杏花是两性花,没有明显的雌蕊和雄蕊之分,而且它的花骨朵比较娇小,开花起来是一簇一簇的,这是杏花开花时独有的特点。

图 4.15　杏花

杏花开花的季节是在春季,每年的 4、5 月份左右,杏花便会开花。花朵呈粉红色,随着开花时间变长,颜色也逐渐变浅直至变为纯白色。在杏花开放的季节,很多地方都会举办杏花节,借此满足人民群众对美好生活的向往,丰富百姓的生活。杏花不仅具有观赏的作用,杏花的花瓣还有营养、滋润肌肤的优点。

杏花是烂漫和自由的象征,杏花的美,是一种独具风韵的美。它不以花色鲜艳迷人,不以浓香醉人。每到春夏之交,哈尔滨市各大公园景区均是一片姹紫嫣红,唯有杏花红中透粉,洁白如玉,风姿绰约,显得格外清秀淡雅。

杏花的花开期是在 4 月下旬至 5 月初,赏花地点在哈尔滨工程大学、哈尔滨游乐园、斯大林公园、九站公园、黑龙江省森林植物园以及兆麟街、哈平西路、中医街。

(7)梨花

梨花(图 4.16),蔷薇科梨属。梨树,落叶乔木,叶圆如大叶杨,干有粗皮外护,枝撑如伞。春季开花,花色洁白,如同雪花,具有淡淡的香味。梨可供生食外,还可酿酒、制梨膏、梨脯,以及药用。梨花在我国约有 2000 余年的栽培历史,种类及品种均较多,历史悠久,自古以来深受人们的喜爱,其素淡的芳姿更是博得诗人的推崇。

哈尔滨市古梨园内有一棵老梨树已有 132 年的历史,1994 年 10 月被列为哈尔滨市 51 号名树。2006 年宏伟公园因此树而更名为古梨园。每年 5 月都有游人远路而来,系以红布条以借老梨树的灵气,祝福老人和孩子长命百岁。花期在 5 月上旬的还有山梨:观赏地点在玉山路、古梨园等。

(8)黄刺梅

5 月上旬黄刺梅花盛开(图 4.17),黄刺梅是北方春末夏初的重要观赏花木,开花时一片金

图 4.16　梨花

黄,它的另一个名字是黄色蔷薇花。黄刺梅花期 5—6 月。花开时节一片金黄,且朵朵精神叶叶柔,尤其是雨过天晴后,浮香醉人。黄刺梅花属蔷薇科,长的也像蔷薇,但叶子很小却香气袭人,花枝挺直,花苞饱满,叶片清爽。生长环境要求不高,甚至是盐碱地也可以存活。果实可以食用,果实药用可以调经健脾、理气活血。

图 4.17　黄刺梅

黄刺梅在众多的花卉植物中，虽然不是最娇艳、最美丽的，但却同样受到了许多人的喜爱。它金黄色的花色，使得周边的环境也因此变得生机勃勃，五彩斑斓，被广泛的用作保持水土以及园林的绿化树种，其花朵可以提取芳香油，制作香水，其果实也能够制作果酱，供人食用。

因黄刺梅造型优美，花形别致，适合庭院绿化应用，尤其适合种植在松柏等深颜色的常绿树木前面，其深绿色的背景更能衬托出花色的亮丽，也可栽种于建筑物的朝阳面或侧面，可以极大丰富景观效果。

花盛开时，一朵朵金黄色的花与绿叶相衬，显得格外灿烂醒目，而单瓣品种秋季红褐色的果实挂满枝头，其春季赏花，秋季观果，夏季则绿叶婆娑，是花、叶、果俱佳的园林花木。黄刺梅最佳观赏期5月上旬，观赏地点在珠江路、松北大道。

（9）山丁子

5月上旬山丁子进入花期（图4.18），山丁子的学名叫作山荆子，除此之外，还叫作林荆子、山定子等，是蔷薇科、苹果属的乔木。山丁子的树姿优雅娴美，叶子茂盛，开花旺盛，数量较多，山丁子花也很美，开花后，整个树都白白的，显得洁净而朴实，并散发着淡淡花香，具有较强的观赏性。

图4.18　山丁子花

山丁子花开的时节，大多是在5月上旬；开花最盛的时间，基本都是在夜晚。头天晚上，可以看到山丁子树颗颗花蕾都是香唇紧闭，有的露出线线红丝，有的甚至连红丝都没有开启。但到第二天早晨推开窗户,哇!已是满树花开,花枝招展,扶扶压压,花香扑鼻,让人感到春天的美好,蓬蓬勃勃,生机益然。观赏地地点在衡山路、民经街、江畔路。

(10)郁金香

5月中旬郁金香进入花期(图4.19),它一般在每年的10月份种植,次年的5月份就会开出美丽的花朵。

图4.19　郁金香

郁金香是一种非常高雅的花朵,它的花姿就仿佛是一个高脚杯一样,又有许多种不同的花色,最美妙的是,它是在每年春天开放花朵的,为春天增添了无限风景。黑龙江省森林植物园从荷兰引进并培育的50多个品种,近百万株郁金香。据专家介绍,由于设计和栽培技术等方面的提高,郁金香品质好、开花期长、耐寒性强、颜色艳丽。郁金香是每年的5月中旬开花,最长花期可持续45天,赏花地点在黑龙江省森林植物园。

(11)丁香花

5月到6月是丁香花盛开的季节(图4.20)。每到5月,丁香花作为哈尔滨市市花,都会开满冰城大街小巷的街头巷尾,馥郁芬芳沁人心脾,整座城市就如同沐浴在花的海洋里,令人流连忘返陶醉不已。

丁香属木犀科丁香属植物,世界原生品种32个,我国原生品种27个,其中,22个为我国特有品种。我国已有1000多年的栽培历史,早在宋代洛阳就有丁香的栽培,是丁香栽培起源中心。哈尔滨市经多年的引种栽培有矮生、重瓣、多季花、沁香和晚花5种类型、50余个种(品种),这5种类型的丁香在市区几个专类园中能够观赏到。

丁香花的颜色有多种,五颜六色,观赏效果特别好。花的特点是:花序大、花团多、颜色艳、气味香等,被很多园林所选用;它具有生长快,栽培简单的特点。丁香花的颜色有白色、紫色、

图 4.20　丁香花

蓝色、黄色、淡紫色,但我们最常见到的白丁香和紫丁香最多。每当丁香花盛开时,漫步街头,阵阵清香扑鼻,花香四溢,美不胜收。丁香花花期在 5—6 月,赏丁香花地点在丁香公园、兆麟公园、金河湾湿地植物园和兆麟街、学府四、测绘路、赣水路。

(12)暴马丁香

哈尔滨被誉为丁香之城,5月中旬暴马丁香花盛开(图 4.21),暴马丁香在哈尔滨市种植数量不如紫丁香多,但也是分布相对广泛的丁香品种。暴马丁香主要产于中国东北、西北、华北等地,朝鲜、日本、俄罗斯也有分布,一般在春末夏初花繁叶茂,花冠白色或黄白色且芳香。该花喜光,也能耐阴、耐寒、耐旱、耐瘠薄。暴马丁香,树姿美观,花香浓郁,可做蜜源植物和提取芳香油,是公园、庭院的绿化观赏树种。暴马丁香开花花序大,花期长,花芬芳袭人,也是著名的观赏花木之一,在中国园林中占有重要位置。为著名的观赏花木之一。开花时,清香入室,沁人肺腑。植株丰满秀丽,枝叶茂密,且具独特的芳香。

暴马丁香花与其他丁香不同的是,暴马丁香在丁香家族中属于大个头,相比于常见的紫丁香等灌木品种,暴马丁香的树高可以长到 7~8 m 高,相当于乔木了。此外,在花香浓郁度上,暴马丁香也较为突出。哈尔滨市园林专家介绍,暴马丁香在冰城丁香家族中的花期相对较晚,一般都是其他丁香开完花了,它才开放。在哈尔滨市,暴马丁香一旦盛开,就意味着冰城丁香美景进入了收官季。

哈尔滨市暴马丁香相对集中的区域为道里区的兆麟公园、建国公园、丁香公园、丽江路、融江路;南岗区的学府四道街、哈西大街;香坊区的民生路亚麻厂一侧、电塔街电机厂墙外、黑龙江中医药大学;松北区的松北大道、世茂大道。

图 4.21　暴马丁香

4.5.2　伊春赏花时间表及赏花地点

伊春市,别称林都、林城,黑龙江省辖地级市,国务院批复确定的我国北方重要的生态旅游城市和黑龙江省东北部中心城市。全市共有 4 个市辖区、1 个县级市、5 个县,总面积 32 759 km²。伊春地处北纬 46°28′至 49°21′,东经 127°42′至 130°14′,位于中国黑龙江省东北部小兴安岭腹地的汤旺河流域,东邻鹤岗、汤原,西接庆安、绥棱,南邻依兰、通河,北接逊克与俄罗斯隔江相望。伊春市历史悠久,是一个多民族散居的边疆城市。唐代以前,是北疆少数民族劳动生息之地,唐、辽、金、元、明、清各代在此实施管辖。

伊春是黑龙江省重要的森林生态旅游区,森林、地质、河流、空气等旅游资源具有明显优势。按照旅游资源分类、调查与评价标准,根据东北林业大学的普查显示,伊春市各层次旅游资源共有 8 个主类,达到国家标准的 100%;26 个亚类,达到国家标准的 83.87%;资源实体总数 338 处,分属于 70 个基本类型,占国家标准中全部 155 种类型的 47.09%。伊春近 400 万 hm² 的大森林孕育了 1390 多种植物,300 多种野生动物,林地、独树、林间花卉及鸟类栖息地等资源类型均匀分布于小兴安岭林海中。其中,最具代表性的是五营区内现存的亚洲面积最大、保存最完整的红松原始林,已被联合国教科文组织纳入世界人与生物圈保护区网络。

全市域内有大小河流 702 条,漂流河段、冷泉、湖区、沼泽、湿地、潭池、悬瀑和暗河广泛分布,水系发达,水质清澈,两岸景观丰富,适于开展观光游憩、滨水度假。其中境内生态系统保护完好的汤旺河水系和中俄界江黑龙江以及围绕两大水系开发的各类水库湖泊是主要的水上旅游基地。大界江嘉荫段全长约 249 km,北起葛贡河口,南至嘉荫河口,主航线中国一侧分布大小岛屿 28 个,江水清澈,是世界上较少的未被污染的河流,沿江两岸不仅保持着原始生态,有高山峡谷、宽阔的平原、星罗棋布的滩涂岛屿、茂密的森林和众多的野生植物等，而且可以体验"一江两岸、异国风情"。

伊春属北温带大陆性季风气候，地处小兴安岭腹地，森林覆盖率高达 83.8%，由于小兴安岭大森林的特殊调节作用，早晚温差大，夏季平均气温 20～22 ℃，林间空气清新，含有丰富的负（氧）离子和植物芳香气，素有"中国林都""红松故乡"，被誉为"天然氧吧""森林里的家"，伊春全域负（氧）离子达 4000～6000 个/cm³，夏季 7—9 月最高可达 8000～10000 个/cm³，使伊春成为天然避暑旅游目的地，是避暑度假、康体养生的理想之地。

伊春春秋两季时间短促，冷暖多变，升降温快，大风天多；夏季湿热多雨；冬季严寒漫长，降雪天较多，雪量大、雪期长、雪质好，海拔 1000 m 左右，且坡度坡向和雪量雪质适于大型滑雪场的地方多处。伊春已建有 S 级以上滑雪场 4 家。受森林与平原交错形成的气候影响，特别是林中冰雪与山脉、河流的交错，形成了独特的、气势宏大的以库尔滨雾凇为代表的特色森林雾凇景观，在国内外具有较高的知名度。

2021 年 12 月 29 日，中国气象局网站发布《关于 2021 年中国天然氧吧评价结果的公示》，伊春等 4 地入选。伊春市所辖 10 个县（市）区全部获得"中国天然氧吧"称号，实现"大满贯"，全国仅有 5 个市地实现天然氧吧创建全域化，东北地区仅此一个。此次能够实现"中国天然氧吧"全域化，是伊春市先天生态优势及后发努力共同作用的结果，也是对伊春市多年来生态气象服务实践的充分肯定。

伊春市高度重视"中国天然氧吧"城市创建工作，伊春市委市政府与中国气象服务协会、中国气象局华风影视集团、中国公共气象服务中心、黑龙江省气象局的深度合作，达成开通伊春"氧吧专列""氧吧专机""打造氧吧宝宝小镇"的共识，提出"气象＋氧吧＋旅游"为品牌的生态旅游新模式（图 4.22）。

图 4.22　伊春

每年 4 月下旬到 5 月份,北国伊春的春天才姗姗而来。白桦林间的冰雪还未完全融化,高大的红松刚刚突出新芽,而生在火山岩石海中的兴安杜鹃已经开成了粉红色的海洋。伊春杜鹃是从 4 月下旬开始次第开放,到 5 月份逐渐进入盛期。伊春杜鹃的开放,也标志着春天的到来(图 4.23)。

图 4.23 伊春杜鹃花

伊春,一个深藏在小兴安岭林海中的城市,被绿色环绕,被清新环绕,被花朵环绕。要想欣赏这壮观又秀美的春日花海,就要先到这座城市来,城市周边的几个国家级森林公园里,满是盛开的兴安杜鹃。其中,红星火山地质公园显得独具特色。大片的翻花容颜和石海形成壮观的自然风光,火山岩上铺满爬地柏和苔藓地衣,相比其他森林公园更具洪荒时代遗留下来的视觉冲击力,目前这些风景区都是免费的。

北国的春天虽然没有南国春天的姹紫嫣红,但却另有一番情愫。那野生在山野中,石崖上的兴安杜鹃(兴安杜鹃又称满山红、映山红、金达莱、达子香),是黑龙江山区干旱山脊的林内花灌木。每年进入 5 月后,在春天姗姗来迟的大、小兴安岭,它在万物尚未复苏中,率先叶未绿花先芳,染红千山万壑,洋溢盎然春意。5 月,前往伊春地区观赏兴安杜鹃。可见漫山遍野红烂漫,或簇簇点点红缀山间。北国伊春杜鹃是"俏也不争春,只把春来报"。

近几年,每逢 5 月中旬,当地都在红星火山岩国家地质公园内举办兴安杜鹃花观赏周,每届都吸引了大批的游客前来观赏。据了解,1 亿年前火山喷发所形成的火山熔岩碎石带好像浩浩荡荡的波涛,被当地人称为"兴安石海"。而在"兴安石海"周围,生长着连绵十几里的兴安杜鹃林,姹紫嫣红的兴安杜鹃花都会在沉睡万年的玄武岩上恣意绽放,形成令人惊叹的杜鹃花海,游客来到这里宛如置身于仙境之中。

4.5.3 大兴安岭赏花时间及赏花地点

（1）美丽富饶的大兴安岭

大兴安岭是我国最北、面积最大的无污染的现代化国有林区（图4.24），巍巍兴安岭,美丽、富饶、古朴、自然,东连绵延千里的小兴安岭,西依呼伦贝尔大草原,南达肥沃、富庶的松嫩平原,北与俄罗斯隔江相望,境内山峦叠嶂,林莽苍苍,雄浑八万里的疆域,一片粗犷。总面积8.46万km²,相当于1个奥地利或137个新加坡。林木蓄积量5.01亿m³。占全国总蓄积量7.8%,总人口51万,边境线长791.5 km,下辖塔河、漠河、呼玛三县,松岭、新林、呼中三区和10个林业局;加格达奇虽然地处内蒙古自治区境内,但是如之前说明的特殊原因,加格达奇仍然是大兴安岭地区的区政府所在地,是大兴安岭重要的旅游景区之一。

图 4.24 大兴安岭林区

大兴安岭林地有730万hm²,森林覆盖率达74.1%,在浩瀚的绿色海洋中繁衍生息着寒温带马鹿、驯鹿、驼鹿（犴达犴）、梅花鹿、棕熊、紫貂、飞龙、野鸡、棒鸡、天鹅、獐、狍、野猪、雪兔等各种珍禽异兽400余种,野生植物1000余种,成为我国高纬度地区不可多得的野生动、植物乐园。在千山万壑间纵横流淌着甘河,多布库尔、那都里、呼玛、额木尔等二十多条大小河流,最终注入了边陲人民的母亲河——黑龙江。这里盛产鲟鳇鱼、哲罗、细鳞、江雪鱼等珍贵的冷水鱼类,用"棒打獐子瓢舀鱼,野鸡飞到饭锅里"来形容这里的野生动物资源实在不为过。

（2）一路向北走进"林海明珠"加格达奇

也许你曾游览过故宫,登上过长城,畅游过大海,穿越过沙漠……不过在这个春光明媚季节,你不妨一路向北,"探访"一次素有"林海明珠"之称的加格达奇,领略大兴安岭的"北国风光","探秘"浩瀚大林海,感知大兴安岭开发建设发展的光辉历程……也体验一次当下时尚旅游达人说走就走的旅行吧!

加格达奇位于大兴安岭山脉的东南边,西南大部紧邻内蒙古自治区呼伦贝尔市鄂伦春旗,东北部与松岭区(松岭林业局)接壤。加格达奇全区面积约 1587 km²。加格达奇,鄂伦春语意为有樟子松的地方。加格达奇素有"林海明珠""新兴林城"和"万里兴安第一城"之称。是中共大兴安岭地区委员会、大兴安岭地区行政公署、林业部大兴安岭林业管理局、大兴安岭军分区和齐齐哈尔铁路分局加格达奇办事处所在地,是大兴安岭地区的政治、经济、文化中心和交通枢纽。加格达奇位于大兴安岭南部余脉,属低山丘陵地带。地势西北偏高,东南偏低,平均海拔为 472 m,主要流经河流有甘河。市区主要依北部山脉而建,向南部扩展直至甘河南岸。

加格达奇平均年气温为 −1.2 ℃,1月平均气温 −25.5 ℃,平均最高气温 −16.1 ℃,历史最低气温 −45.4 ℃,无霜期为 85～130 天,年平均降水量为 494.8 mm,属寒温带大陆性季风气候。此地春秋分明,冬长夏短,冬季气候寒冷,被称为"高寒禁区"。

加格达奇是大兴安岭地区政治、文化、经济、交通中心。第一产业以林业为主,第二产业以木材加工、食品加工、机械、建材为主,第三产业以对外商贸、旅游业为主。

加格达奇风味美食笨鸡炖毛尖蘑,毛尖蘑在中国唯一产地是大兴安岭。据史料记载,清朝时期,慈禧太后派人到东北大兴安岭深山沟谷中进行采金生产。60 年后,人们惊奇地发现,在采金迹地——毛尖石上生长着一种特殊的蘑菇,清香溢人,采摘食用后,口感鲜美,味道极佳。由于产量极少,被地方官员用作进贡食品,供皇宫享用。随着科学的发展,今天,人们对其成分进行鉴定后证实,毛尖蘑所含氨基酸、蛋白质、微量元素等是普通蘑菇的几倍至几十倍,被人们称为"素中之肉""蘑菇之圣",是人们馈赠亲朋的最佳礼品。红松果仁是采用伊春小兴安岭原始森林之宝——百年红松之果实,精心加工而成,果仁完整、奶白亮色、口感圆柔、香甜可口、回味绵长,具有补气益血、强心健脑、滋润皮肤、开发智力等功能,还具有延年益寿、减肥等功效,是保健营养佳品。本品无污染、纯正天然,是小兴安岭红松故乡奉献给人们最好的绿色保健食品。可制作糕点、饮料、化妆品、松仁糖、松仁小肚、松仁玉米等。

加格达奇北山公园位于城市北侧,拾阶而上登高望远尽可鸟瞰城市全貌,此处生态资源保存完好,是林区森林资源的一个缩影,山势连绵起伏且坡度平缓,伴随着林区开发建设,相继开发了一些景点:铁道兵纪念碑、城市的重要标志物电视塔、森林氧吧、绿月桥等群众休闲娱乐场所。

2004 年,恰逢大兴安岭开发建设 40 周年,地方政府投入巨资对公园整体面貌进行了大手笔、高立意的改扩建,重新修缮了东西两个出口,使整个北山横贯东西,自成一个游览体系,融入了大量亲民、爱民、以人为本的人性化设计理念,建筑风格清秀典雅、寓意深远、突出林区特色,是开展"放飞心情、强身健体、携手自然、感悟春意——春季万人登山活动"的理想之处,更是游人探寻大兴安岭开发建设史上不可多得的景观。

加格达奇于 2009 年 8 月 8 日开展"一节一会一论坛",又称作"国际蓝莓节"暨山特产品交易会,并规定每年 8 月 8 日为国际蓝莓节,这又给加格达奇增添一份绚丽的色彩。

大兴安岭有北极光节,北极光是大兴安岭地区特有的天文景观,以其神秘莫测、绚丽多姿闻名遐迩。每年夏季,有约 10 余万国内外游客纷至沓来。近年来,大兴安岭地区以北极光节为载体,文化"搭台",经贸"唱戏",既丰富了林区人民的文化生活,又促进了生态旅游业的快速发展。通过北极光节的举办,投资2.1亿元的浙江金马集团等一大批企业纷纷落户加格达奇。

(3)中国最北的兴安杜鹃花

4月末到5月是中国最北黑龙江大兴安岭地区杜鹃花盛开季节,吸引了广大摄影爱好者前来采风。这里的杜鹃生长在公路两侧和林中旷地,花开成片,美丽壮观。凌雪傲霜开放于百花之首的北国报春之花杜鹃,是在严冬里孕育花苞,初春吐蕾开花,几乎是顶雪怒放,领先报告春天的消息,所以更加受到人们的喜爱(图4.25)。

图4.25 杜鹃花海

杜鹃花是达子香的学名,在东北也叫"满山红",这种花生命力顽强,耐寒,即使在悬崖峭壁的石缝中,也可以大片生长。近年来,黑龙江省大兴安岭地区不断加大保护力度,利用"达子香"花海,促进当地旅游业发展,使"达子香"观赏基地进入良性循环发展轨道。

兴安杜鹃,别称映山红、达子香、达达香,是杜鹃花科的半常绿灌木,高1～2 m。杜鹃不但美丽,而且也是中药材。杜鹃花的叶子熬水味苦中带有清香,能治疗风湿、咳喘、气管炎等多种病症。它的花瓣还能当茶直接饮用,一杯杜鹃花茶气芬芳,明目、清心、醒脑、提神,饮后满口余香,回味绵长。有的根雕爱好者取杜鹃的根,稍加整理修饰,可以雕成飞禽走兽。

兴安杜鹃的花朵并不是很大,只有硬币般大小,5片薄如蚕翼的花瓣,中间七八条纤细的花蕊。花的颜色以粉红色为多,也有紫红色和白色的。兴安杜鹃没有独立生长的,都是一丛丛,一片片地生长,像是一个组织紧密的团队,不分离,不拆散。它们先开花,然后才长出叶子。

有的是一株两株悄然开放,显得亭亭玉立。更多的是连成一片,千朵万朵簇拥在一起,成为一片片花的海洋。林间杜鹃花茂盛的地方,往往是疏林区。显然,杜鹃花是以生命的顽强,填充了林间带,使大森林更具活力。同时,高耸挺拔的青松,洁净如雪的白桦,也为杜鹃花增色不少。不仅从不同色彩上衬着杜鹃花的美丽,也使杜鹃花灌丛空间分布上有了立体感。

(1)初春到阳春观赏兴安杜鹃壮观美景

有诗云:"千姿百态色斑斓,千山万岭总相见。子规啼血化丽姝,花中西施数杜鹃",赞美的就是热情如火、美丽奔放的杜鹃花(图 4.26)。而地处祖国最北部的大兴安岭特有的杜鹃花——兴安杜鹃,却有着"孤芳自赏""凌寒独放"的与众不同,正应了那句"人间四月芳菲尽,'兴安杜鹃'始盛开"。

图 4.26　兴安杜鹃花

"春来杜鹃花似海,秀水含情会佳宾""已是悬崖百丈冰,犹有花枝俏。俏也不争春,只把春来报"。每年的四、五月间,大兴安岭依然残冬未尽、春寒料峭,春天的脚步似乎迈得很慢。驾车行驶在大兴安岭,不经意间会发现,在沟壑、山岭、公路两旁,不知道从什么时候,一团团、一簇簇的兴安杜鹃,已然静静地开放了。5 月初始,大兴安岭千里杜鹃竞相开放,远望去,似海般的绚烂,和早春的白雪皑皑形成了鲜明的对比。从 4 月下旬到 5 月下旬,兴安杜鹃从南到北次第开放,形成山花烂漫,花的海洋(图 4.27)。

5 月,是欣赏大兴安岭春天最美的时刻,呼玛河畔、原始森林里、南瓮河湿地边……随手"抓"一束风,就是大兴安岭的整个春天。兴安杜鹃花期可达一个月,每年 5 月间,大兴安岭多地都可以观赏到杜鹃花海美景。在高高的兴安岭上,一团团、一丛丛、一簇簇,烂漫的山花枝枝坠锦,朵朵流霞,开满了一山又一山,坠满了一坡又一坡,争奇斗艳,堪称大兴安岭一绝。加格达奇百泉谷冰雪杜鹃、呼玛鸥浦林海杜鹃、新林爱情小镇爱情原点杜鹃、龙江第一湾江畔杜鹃都是最佳观赏地。

图 4.27　兴安杜鹃花海

　　为了与您更好地履行"花下之约",气象部门采用独家数据,精心制作《花期天气预报》和《旅游气象服务专报》,助您开启大兴安岭赏花之旅(图 4.28)。兴安杜鹃每年的始花期、盛花期因气温、日照时数、湿度的不同而略有不同,当气温偏高、日照充足时,杜鹃花可能会提前开放,气温偏低寡照时,也可能会延迟开放。

图 4.28　黑龙江自南向北观赏杜鹃花海时间表

　　在春暖花开的季节,不妨和家人、朋友一起来欣赏这满山的绚烂吧,转过弯弯的小路,登上高高的山顶,走进森林旷野,或是任意山林,不经意间,邂逅意想不到的惊喜。杜鹃花海宛若一缕幽幽的香雾,和那些坚韧的远山、笔直的白桦相得益彰,在刚与柔的倾情演绎中,这番风景更有禅意了。不过大兴安岭的春季气温虽然回升较快,但冷空气依然活跃,活动依然频繁,偶有"倒春寒",同时春季大风天气较多,旅游赏花者要关注天气变化,适时增减衣物。

(5)大兴安岭的冰雪杜鹃奇景

南方有梅花映雪,大兴安岭有冰雪杜鹃(图4.29)。由于初春冷空气仍旧活动频繁,天气仍然多变,在有的年份遇到比较强的冷空气入侵,大兴安岭地区气温骤然下降,就会出现降雪,形成冰雪杜鹃的壮观美景。如2022年5月11日,黑龙江省大兴安岭地区降下瑞雪,而在此之前大兴安岭已进入初春,草木萌发,兴安杜鹃次第开放。一场瑞雪降临,草地和松枝嫩芽被白

图 4.29　大兴安岭的冰雪杜鹃

雪覆盖,恰逢兴安杜鹃盛开,正在盛开的兴安杜鹃花仿佛穿上了一件晶莹剔透的"冰衣",花与雪的冷暖色调,夏与冬的反差碰撞,这些截然不同的元素交织在一起,共同绘成了属于兴安林海的多彩画卷,形成了冰雪杜鹃的奇观。白雪与杜鹃花相遇,雪映山花,分外烂漫,真是美轮美奂!也是2022年立夏节气里的奇景啊!

看杜鹃花喜欢和青松为伍,也喜欢和白桦为邻,喜欢明月清风,也喜欢阳春白雪。想来杜鹃和白雪一定是久别的知己,遇见后是一场惊天动地的宿醉。白雪醉了,融化成漫天白云,杜鹃醉了,化成满地春泥。

这就是大兴安岭之美,没有过多的装饰,没有多美的服饰,只是这一袭白色长裙,便将这里变成最美的新娘。

这就是大兴安岭的魂,山不高、林不密、花不长,但它总是在那瞬间展示出生命最绚烂的色彩。

4.6 黑龙江省秋季五花山特色旅游与气象条件分析

黑龙江,因为有着丰富的物产资源,国内最大的连片森林景观,已成为时下旅游达人强烈推荐观赏极致秋景的好去处。秋日一到,大兴安岭满山遍野金色夺目,小兴安岭五彩斑斓美不胜数,哈尔滨金龙山红叶尽染,共同打造一片片五花山极致美景。

"五花山"本来特指黑龙江省伊春林区千里林海的一种秋景(图4.30),每年9月中下旬,随着天气转凉,冷空气袭击,山中的红松、落叶松、桦树、枫树等各种树木的树叶开始变色,呈现出各种深浅不同的绿、白、黄、红、紫,晕染在蓝天之下,分外艳丽,而这种美丽的景色,就被称作"五花山"。

图 4.30 五花山

4.6.1 黑龙江省秋季五花山气象条件分析

（1）地方性旅游季节精细划分的秋天

根据地方性旅游季节的精细划分,黑龙江省秋天是8月下旬到10月上旬,平均气温6～18℃,分为初秋和金秋两个季节时段。其中把8℃定为初秋和金秋的分界温度。黑龙江省初秋始于8月下旬,10月中旬初进入金秋,将连续5天滑动平均气温下降至18℃以下首日作为初秋的开始日,将连续5天滑动平均气温下降至8℃以下首日作为金秋的开始日。表4.5是按地方标准划分的黑龙江省各地市初秋和金秋的开始时间;表4.6是按地方标准划分的黑龙江省各地市秋季时长。

表4.5　地方标准划分的地市秋季开始日期

站名	秋季	
	初秋（月.日）	金秋（月.日）
加格达奇	8.15	9.26
黑河	8.26	10.02
齐齐哈尔	9.02	10.11
伊春	8.17	10.02
鹤岗	9.02	10.12
绥化	9.02	10.11
佳木斯	9.02	10.12
双鸭山	9.03	10.14
哈尔滨	9.07	10.13
鸡西	9.03	10.13
牡丹江	9.03	10.13

表4.6　地方标准划分的地市秋季时长

站名	秋季（d）
加格达奇	48
黑河	45
齐齐哈尔	44
伊春	56
鹤岗	43
绥化	43
佳木斯	43
双鸭山	43
哈尔滨	40
鸡西	43
牡丹江	44

由表 4.6 分析得出,黑龙江省各地秋天时间不长(40~56 天),其中伊春为 56 天,哈尔滨最短为 40 天。黑龙江省的"五花山"季节有三分之二的时间是在初秋,还有三分之一的时间是在金秋的初期。由此可见,"五花山"时节是在黑龙江省初秋和金秋初期。此时节,气温适宜,秋高气爽,是非常适合外出爬山、登高观赏"五花山"的好时期。

(2)五花山的气象成因

秋高气爽的 9 月,黑龙江迎来了秋季旅游最旺季——"五花山"季节,"五花山"的形成与季节的变化和气象要素变化有关。

①五花山与秋霜

"霜叶红于二月花",唐代诗人杜牧这句诗是对"五花山"的真实写照,描写的是秋霜染过的枫叶变成了红色,那火红的枫叶比江南二月的花还要红,因此最美的"五花山"一般都是在每年第一次秋霜扫过之后,叶子因气温骤降变得愈加绚丽。霜是指当地面最低温度达到或低于 0 ℃时,在地面或物体上凝华而成的白色冰晶,使农作物受到冻害称为霜冻。霜是一种天气现象,属于中国地面气象观测内容。"霜"通常出现在秋季至春季时间段。气象学上一般把秋季出现的第一次霜称作"早霜"或"初霜",而把春季出现的最后一次霜称为"晚霜"或"终霜";从终霜到初霜的间隔时期,就是无霜期。

图 4.31 列出了黑龙江省及加格达奇 1981—2010 年 30 年的秋季初霜的平均初日,黑龙江省西北部地区历年初霜出现在 9 月 5—21 日,中南部地区出现在 9 月 21—30 日。因此黑龙江省西北部地区"五花山"初霜首次出现在 9 月 5—21 日,中南部地区"五花山"初霜首次出现在 9 月 21—30 日,南北相差 9~16 天。因此,观赏"五花山"可以参考黑龙江省各地平均初霜的日期和每年气象部门发布的初霜冻预报。一般情况下,进入 9 月份,当寒潮到来之后,各地的气温降到出现初霜和霜冻了,在黑龙江省有茂密森林的地方和有森林的公园就会迎来"五花山"的盛世美颜。

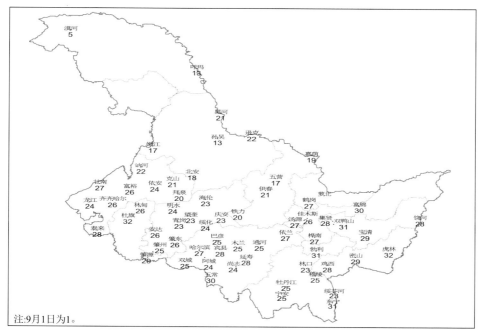

图 4.31　1981—2010 年 30 年出现于 9 月的平均霜冻日期

②五花山气温条件分析

"五花山"出现于具有茂密森林的山区和森林公园,因此,我们选择黑龙江省南北有"五花山"的加格达奇、伊春、哈尔滨、牡丹江,以这4个地方为代表分析"五花山"的形成与气象要素的关系。

从平均日最高气温来看(图4.32):加格达奇9月1—30日近30年平均日最高气温在14.7～21.6 ℃之间,加格达奇近30年秋霜的首日是在9月15日,对应加格达奇近30年的平均日最高气温18.8 ℃,加格达奇"五花山"持续到9月30日。这一天的近30年平均日最高平均气温是14.7 ℃。因此,从平均日最高气温来分析,近30年来,加格达奇"五花山"出现的平均日最高气温为14.7～18.8 ℃。

伊春9月20日—10月10日近30年平均日最高气温为13.0～18.6 ℃,伊春近30年的秋霜首日在9月21日,对应近30年的平均日最高气温为18.4 ℃,伊春"五花山"持续到10月10日,这一天的近30年平均日最高平均气温为13.0 ℃。因此,从平均日最高气温来分析,近30年来,伊春"五花山"出现的平均日最高气温为13.0～18.4 ℃。

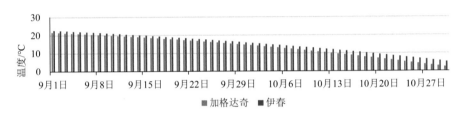

图4.32 加格达奇、伊春1991—2020年30年9—10月平均日最高气温

从平均日最低气温来看(图4.33):加格达奇近30年的秋霜首日在9月15日,对应加格达奇近30年的平均日最低气温是4.3 ℃,加格达奇"五花山"持续到9月30日,这一天的近30年平均日最低平均气温为0.2 ℃。因此,从平均日最低气温来分析,近30年来,加格达奇"五花山"的平均日最低气温为0.2～4.3 ℃。

伊春近30年的秋霜首日是在9月21日,对应近30年的平均日最低气温为4.7 ℃,伊春"五花山"持续到10月10日,这一天近30年平均日最低气温为0.1 ℃。因此,从平均日最低气温来分析,近30年来,伊春"五花山"的出现的平均日最低气温为0.1～4.7 ℃。

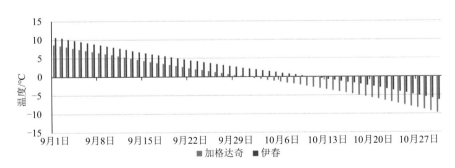

图4.33 加格达奇、伊春1991—2020年30年9—10月平均日最低气温

从日平均气温来看(图4.34):加格达奇近30年的秋霜的首日是在9月15日,对应加格达奇近30年的日平均气温为10.6 ℃,加格达奇"五花山"持续到9月30日,这一天的近30年日平均气温为6.5 ℃。因此,从日平均气温来分析,近30年来,加格达奇"五花山"的出现的日平

均气温为 6.5~10.6 ℃。

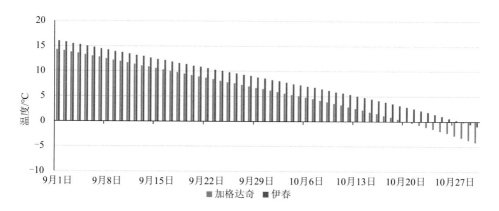

图 4.34 加格达奇、伊春 1991—2020 年 30 年 9—10 月的日平均气温

伊春近 30 年秋霜的首日是在 9 月 21 日,对应近 30 年的日平均气温为 10.9 ℃,伊春"五花山"秋霜持续到 10 月 10 日,这一天的近 30 年日平均气温为 5.9 ℃,因此,从日平均气温来分析,近 30 年来,伊春"五花山"出现的日平均气温为 5.9~10.9 ℃。

从昼夜温差来看(图 4.35):9 月 1—14 日加格达奇的昼夜温差为 12.9~14.4 ℃,9 月15—30 日是加格达奇秋季"五花山"出现的时间段,这段时间加格达奇近 30 年昼夜温差为 14.5~14.8 ℃,10 月 1—31 日加格达奇的昼夜温差为 12.1~14.5 ℃。由此可见,加格达奇 9 月 1日—10 月 30 日昼夜温差是先升高后下降趋势,9 月 15—30 日是秋季"五花山"出现的时间段,昼夜温差最大,为 14.5~14.8 ℃。

9 月 1—20 日伊春的昼夜温差为 12.1~13.6 ℃,9 月 21 日—10 月 10 日是伊春秋季"五花山"出现的时间段,这段时间伊春近 30 年昼夜温差为 12.9~13.7 ℃,10 月 11—31 日伊春的昼夜温差为 11.5~12.9 ℃。由此可见,伊春 9 月 1 日—10 月 30 日昼夜温差是先升高后下降趋势,9 月 21 日—10 月 10 日是伊春秋季"五花山"出现的时间段,昼夜温差最大,为 12.9~13.7 ℃。

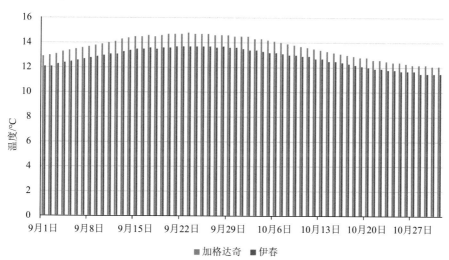

图 4.35 加格达奇、伊春 1991—2020 年 9—10 月平均昼夜温差

通过对加格达奇、伊春"五花山"出现时间近30年平均日最高气温、平均日最低气温、日平均气温、昼夜温差分析得出加格达奇、伊春"五花山"出现气象要素的指标,如表4.7所示。

表4.7 加格达奇、伊春近30年五花山出现的平均最高气温、最低气温、日平均气温、昼夜温差

要素	加格达奇	伊春
最高气温(℃)	14.7～18.8	13.0～18.4
最低气温(℃)	0.2～4.3	0.1～4.7
日平均气温(℃)	6.5～10.6	5.9～10.9
昼夜温差(℃)	14.5～14.8	12.9～13.7

从最高气温来看:9月21日—10月20日是哈尔滨、牡丹江秋季"五花山"出现的时间段,这段时间哈尔滨近30年平均日最高气温为11.6～20.4 ℃,牡丹江平均日最高气温为12.6～20.7 ℃。黑龙江省南部地区近30年的秋霜的首日是在9月25日以后,哈尔滨、牡丹江近30年的秋霜的首日都是在9月25日,对应哈尔滨、牡丹江近30年的平均日最高气温分别为19.4 ℃和19.8 ℃,哈尔滨、牡丹江"五花山"一般持续到10月20日,这一天哈尔滨、牡丹江近30年平均日最高气温分别为11.6 ℃和12.6 ℃。因此,从平均日最高气温来分析,近30年来,哈尔滨、牡丹江"五花山"出现的平均日最高气温为11.6～19.8 ℃,这和黑龙江省南部地区出现初霜和霜冻时常年的最高气温非常吻合(图4.36)。

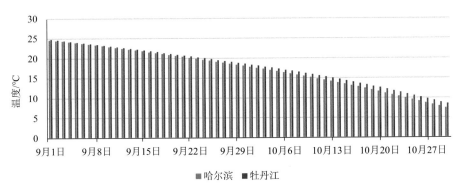

图4.36 哈尔滨、牡丹江1991—2020年30年9—10月平均日最高气温

从最低气温来看:9月21日—10月20日是哈尔滨、牡丹江秋季"五花山"出现的时间段,这段时间哈尔滨近30年平均日最低气温为0.9～8.4 ℃,牡丹江平均日最低气温为0.2～7.6 ℃。

黑龙江省南部地区近30年的秋霜的首日都是在9月25日以后,哈尔滨、牡丹江近30年的秋霜的首日是在9月25日,对应近30年两地在该日的平均日最低气温分别为7.3 ℃和6.4 ℃;哈尔滨、牡丹江近30年的10月20平均日最低气温分别为0.9 ℃和0.2 ℃,因此,从平均日最低气温来分析,近30年来,哈尔滨、牡丹江"五花山"出现的平均日最低气温为0.2～7.3 ℃。这也和黑龙江省南部地区出现初霜和霜冻时常年的最低气温非常吻合(图4.37)。

从日平均气温来看:9月21日—10月20日是哈尔滨、牡丹江秋季"五花山"出现的时间段,这段时间哈尔滨近30年日平均气温为6.0～14.2 ℃,牡丹江日平均气温为5.7～13.5 ℃。

黑龙江省南部地区近30年的秋霜的首日都是在9月25日以后,哈尔滨、牡丹江近30

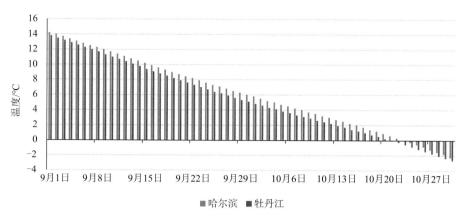

图 4.37 哈尔滨、牡丹江 1991—2020 年 30 年 9—10 月平均日最低气温

年的秋霜的首日都是在 9 月 25 日,对应哈尔滨、牡丹江近 30 年在此日的日平均气温分别为 13.1 ℃和 12.4 ℃;哈尔滨、牡丹江近 30 年的 10 月 20 日平均气温分别为 6.0 ℃和 5.7 ℃,因此,从日平均气温来分析,近 30 年来,哈尔滨、牡丹江"五花山"秋霜出现的日平均气温为 5.7~13.1 ℃(图 4.38)。

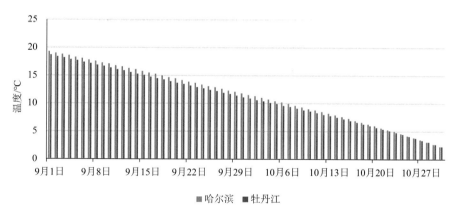

图 4.38 哈尔滨、牡丹江 1991—2020 年 30 年 9—10 月日平均气温

每年进入 9 月中下旬,随着冷空气一次又一次袭击,天气渐凉,昼夜温差逐渐加大,树叶开始变色,在有针叶阔叶混交林的地方各种深浅不同的绿、白、黄、红、紫色开始呈现,"五花山"渐渐形成。

从气象学上分析,这是由于昼夜温差加大使植株脱水导致树叶变色,加上地形以及阳光照射不一样,所以形成独特的"五花山"景观。现在分析一下"五花山"出现时的昼夜温差。

9 月 1—20 日哈尔滨的昼夜温差为 10.4~11.9 ℃,这是哈尔滨秋季"五花山"出现的时间段。这段时间哈尔滨近 30 年昼夜温差为 10.7~12.0 ℃,10 月 21—31 日哈尔滨的昼夜温差为 9.7~10.6 ℃;9 月 1—20 日牡丹江的昼夜温差为 11.0~13.0 ℃,9 月 21 日—10 月 20 日是牡丹江秋季"五花山"出现的时间段。这段时间牡丹江近 30 年昼夜温差为 12.4~13.1 ℃,10 月 21 日—10 月 31 日牡丹江的昼夜温差为 11.2~12.3 ℃。因此从昼夜温差变化来分析,哈尔滨、牡丹江"五花山"出现的时间段 9 月 21 日—10 月 20 日昼夜温差是最大的。

从昼夜温差来看:黑龙江省南部地区近 30 年的秋霜的首日都是在 9 月 25 日以后,哈尔滨、牡丹江近30年的秋霜的首日都是在9月25日,与此相对应,哈尔滨、牡丹江近30年的昼夜温差分别为12.1 ℃和13.4 ℃;哈尔滨、牡丹江近30年的10月20日昼夜温差分别为10.7 ℃和12.4 ℃。因此,从昼夜温差来分析,近30年来,哈尔滨"五花山"出现的昼夜温差为10.7~12.1 ℃;牡丹江因是山区,昼夜温差更大,"五花山"的出现的昼夜温差为12.4~13.4 ℃(图4.39)。

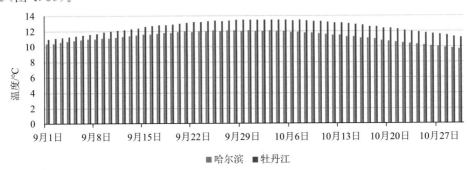

图4.39 哈尔滨、牡丹江1991—2020年9—10月平均昼夜温差

通过对"五花山"出现时间的近30年平均日最高气温、平均日最低气温,日平均气温,昼夜温差分析,得出哈尔滨、牡丹江"五花山"出现气象要素的指标如表4.8所示。

表4.8 哈尔滨、牡丹江近30年"五花山"出现的平均最高气温、最低气温、日平均气温、昼夜温差

最高气温	最低气温	日平均气温	哈尔滨昼夜温差	牡丹江昼夜温差
12.0~20.0 ℃	0.2~7.3 ℃	5.7~13.1 ℃	10.7~12.1 ℃	12.4~13.4 ℃

4.6.2 五花山观赏指数预报

黑龙江之秋,是一幅多彩的油画,占据画面一半的土地被五颜六色的大森林所覆盖:各类乔木正由绿向金黄渐变,当中夹杂着火红的枫叶、苍翠的松枝……比起夏日满眼的绿色,更多一份五彩缤纷的浪漫。因此,每到秋季,黑龙江省文化和旅游厅以"龙江金秋·多彩油画"为主题推出秋季旅游产品,以"五花山色游"为主题,推荐省内登山地,引导市民游客走向自然景区,参与登山活动,尽享龙江好生态。

每年进入9月份后,随着冷空气的一次次入侵,气温逐渐下降,昼夜温差加大,秋霜扫过,黑龙江省自北向南的有茂密森林的山区就会出现"五花山"的壮美景色。根据"五花山"出现色彩变化,开始是"五花山"呈现到景色最艳丽再到景色渐衰这一过程,"五花山"观赏景色可分为3个等级。1级是"五花山"出现,可去观赏;2级是"五花山"景色最绚烂时期,为最佳观赏;3级是"五花山"颜色逐渐变暗,可观赏。

(1)加格达奇五花山观赏指数

"五花山"的观赏指数预报以最低气温为指标,同时还参考当地出现霜或霜冻的最低气温,结合"五花山"出现的时间段,黑龙江省北部地区的加格达奇是山区,海拔高,温度低,昼夜温差大,因此温度指标稍低一些。最低气温3 ℃以上定为观赏"五花山"指数1级,可去观赏;最低气温2~3 ℃定为观赏"五花山"指数2级,为最佳观赏;最低气温1 ℃左右定为观赏"五花山"指数3级,"五花山"颜色逐渐变暗,可观赏(表4.9)。

表 4.9　加格达奇"五花山"观赏指数预报

时间	气温	历史温度（℃）	温度指标（℃）	观赏指数
9 月 15—19 日	最高气温	17.8～18.8	18.0～19.0	五花山出现,观赏指数为 1 级
	最低气温	3.2～4.3	3.2～4.3	
	昼夜温差	14.5～14.6	14.5～14.6	
9 月 20—25 日	最高气温	16.2～17.6	16.0～18.0	五花山最绚烂景色出现, 观赏指数为 2 级
	最低气温	1.5～2.9	1.5～3.0	
	昼夜温差	14.7～14.8	14.7～14.8	
9 月 26—30 日	最高气温	14.7～15.9	15.0～16.0	五花山景色逐渐暗淡,观 赏指数为 3 级
	最低气温	0.2～1.2	0.2～1.2	
	昼夜温差	14.5～14.7	14.5～14.7	

（2）伊春五花山观赏指数

伊春"五花山"观赏指数预报以最低气温为指标,同时还参考当地出现霜或霜冻的最低气温,结合"五花山"出现的时间段,最低气温 4 ℃以上定为观赏"五花山"指数 1 级,可去观赏;最低气温 2～4 ℃定为观赏"五花山"指数 2 级,为最佳观赏;最低气温 0～2 ℃定为观赏"五花山"指数 3 级,"五花山"颜色逐渐变暗,可观赏（表 4.10）。

表 4.10　伊春"五花山"观赏指数预报

时间	气温	历史温度（℃）	温度指标（℃）	观赏指数
9 月 21—23 日	最高气温	17.9～18.4	18.0～19.0	五花山出现,观赏指数为 1 级
	最低气温	4.2～4.7	4.0～5.0	
	昼夜温差	13.7	13.7	
9 月 24 日—10 月 2 日	最高气温	15.4～17.6	15.0～18.0	五花山最绚烂景色出现, 观赏指数为 2 级
	最低气温	2.0～3.7	2.0～4.0	
	昼夜温差	13.4～13.7	13.4～13.7	
10 月 3—10 日	最高气温	13.0～15.1	13.0～15.0	五花山景色逐渐变暗,观 赏指数为 3 级
	最低气温	0.1～1.7	0.0～2.0	
	昼夜温差	13.0～13.4	13.0～13.4	

（3）哈尔滨五花山观赏指数

哈尔滨"五花山"观赏指数预报以最低气温为指标,同时还参考当地出现霜或霜冻的最低气温以及"五花山"出现的时间段,最低气温 5 ℃以上定为观赏"五花山"指数 1 级,可去观赏;最低气温 3～5 ℃定为观赏"五花山"指数 2 级,为最佳观赏;最低气温 0～2 ℃定为观赏"五花山"指数 3 级,"五花山"颜色逐渐变暗,可观赏（表 4.11）。

表 4.11　哈尔滨"五花山"观赏指数预报

时间	气温	历史温度（℃）	温度指标（℃）	观赏指数
9月27日—10月4日	最高气温	17.0～18.9	17.0～19.0	五花山出现，观赏指数为1级
	最低气温	5.0～6.8	5.0～7.0	
	昼夜温差	12.0～12.1	12.0～12.1	
10月5—12日	最高气温	14.5～16.7	14.0～17.0	五花山最绚烂景色出现，观赏指数为2级
	最低气温	3.0～4.7	3.0～5.0	
	昼夜温差	11.5～12.0	11.5～12.0	
10月13—20日	最高气温	11.6～14.2	11.0～14.0	五花山景色逐渐暗淡，观赏指数为3级
	最低气温	0.9～2.7	0.0～3.0	
	昼夜温差	10.7～11.5	11.0～12.0	

（4）牡丹江五花山观赏指数

牡丹江"五花山"观赏指数预报以最低气温为指标，同时还参考当地出现霜或霜冻的最低气温以及"五花山"出现的时间段，最低气温5℃以上定为观赏"五花山"指数1级，可去观赏；最低气温3～5℃定为观赏"五花山"指数2级，为最佳观赏；最低气温0～3℃定为观赏"五花山"指数3级，"五花山"颜色逐渐变暗，可观赏（表4.12）。

表 4.12　牡丹江"五花山"观赏指数预报

时间	气温	历史温度（℃）	温度指标（℃）	观赏指数
9月25—30日	最高气温	18.6～19.8	19.0～20.0	五花山出现，观赏指数为1级
	最低气温	5.1～6.4	5.1～6.4	
	昼夜温差	13.4～13.5	13.4～13.5	
10月1—10日	最高气温	15.9～18.3	15.9～18.3	五花山最绚烂景色出现，观赏指数为2级
	最低气温	2.6～4.8	3.0～5.0	
	昼夜温差	13.3～13.5	13.4～13.5	
10月11—20日	最高气温	12.6～15.6	12.6～15.6	五花山景色逐渐暗淡，观赏指数为3级
	最低气温	0.2～2.4	0.2～2.4	
	昼夜温差	12.4～13.2	12.4～13.2	

"五花山"每年秋季出现一次，大约是15～20天，由于出现后持续时间不长，很容易错过这个时间段。有喜欢观赏"五花山"景色的朋友可以根据黑龙江省南北地区"五花山"指数预报作为出游参考，再结合旅游目的地的天气预报，科学的安排旅游黄金段，一定会让您不虚此行，观赏到难得一见的壮观美景，尽情地享受大自然赐予的视觉盛宴。另外，"五花山"出现时节加格达奇、伊春、哈尔滨、牡丹江的最高气温为11～20℃，最低气温为0～7℃，昼夜温差13～14℃，

白天中午前后气温都在 10 ℃ 以上,天气还比较温暖,但早晚最低气温在 10 ℃ 以下,加之昼夜温差 13~14 ℃,早晚时段体感较凉,安排外出旅游或登山等活动,要带上厚外套,根据天气的冷暖变化,合理增减衣物。

4.7 黑龙江省秋季五花山观赏地图

黑龙江省生态环境条件复杂,山地分布广,森林覆盖率高,植物种类,植被类型多种多样,而且多为天然的混交林,同时,具有鲜明的北方寒温带森林那种苍阔、雄伟、妩媚的个性。高大挺拔的红松林,亭亭玉立的白桦林,奇特的高山爬地松,以及百余种针、阔叶树,乔、灌、草结合的多层植被,再加上特殊的中温带大陆性季风气候,四季分明,冬长夏短,昼夜温差大,气候条件使混交林中的各树种在秋季呈现出不同的颜色:比如说,红松依然保持四季常青的绿色,落叶松在九、十月份就逐渐呈现出金黄色;而枫树则是鲜红的。由于山势高矮不同、坡向不同、受到阳光照射不一样,其颜色的层次也非常丰富。加之黑龙江森林植被覆盖率高,放眼望去,浩瀚无限,所以,"五花山色"景致十分壮观(图 4.40)。

图 4.40 五花山色

每年就时间而言,"五花山色"只有十几天的时间,但从全省广阔的区域看,"五花山色"从每年的 9 月上旬至 10 月中旬,景致自北向南可持续 1 个多月。此时,黑龙江南北地域长度和气温差度就体现出优势了。黑龙江南北相距 1120 km,跨 10 个纬度,从北向南黑龙江省北部的大兴安岭、东北部的小兴安岭、东部的张广才岭、完达山脉都是观赏"五花山"的好地方。从南到北,从北到南不仅吸引了广大中外游客,还吸引了很多摄影爱好者和各种技法、画法的绘画爱好者及画家在"五花山"摄影和采风。

黑龙江全省"五花山"主要有十大景点,也是秋季的旅游看点、热点和焦点,分别是黑龙江大界江"五花山",一路找北的北极漠河"五花山",林都小兴安岭伊春"五花山",高山堰塞湖镜泊湖"五花山",天然火山博物馆五大连池"五花山",三江口"五花山",塞北江南(东宁)"五花山",柴河威虎山"五花山",亚布力风车山庄"五花山",平山鹿场"五花山"(图4.41)。

图4.41　黑龙江省"五花山"观赏地图

(1)大兴安岭五花山

大兴安岭旅游资源非常丰富,如奔腾的黑龙江、广袤的大森林、神奇的北极光、淳朴的鄂伦春民族风情等。以往一提起游览项目,很少有人问津秋日中色彩斑斓的"五花山"景观,殊不知在金秋时节,秋风送过,万山皆变,游人呼吸森林的气息,欣赏自然的美色,聆听荒野的天籁,品尝花草的芬芳,聆听悦耳的鸟语,踩着松软的落叶,看看由黄、橙、红、绿、棕构成的"五花山"景观,真切感受到北国秋天的壮美,定会被这秋季独有的美景所吸引。

以森林特色为主体的大兴安岭"五花山"景观,具有较大的开发利用价值,从9月下旬到10月上旬,都是观赏"五花山"的最佳时机,由于植被和地质原因,"五花山"景观呈现出极富色彩变化的图画,秋天是丰富而成熟的。四季分明的加格达奇,秋风过处,万山红变,一派北国秋天壮美的景色。其实,整个加格达奇又何尝不是一座山岭相连的"五花山",北方的"五花山"最令人心动、最具美仑美奂的景致也就只有仅仅10天左右的时间。然而,仅就这10多天的时间,就足以让游人去尽情地欣赏和细细品味这样美丽的风景了。

极目远眺,美丽的"五花山"会让你浮想联翩,诗意勃发,踩着松软的落叶,闻着树木的芳香,听着悦耳的鸟语,但映入眼帘的秋色和挤入车窗的秋风中,无处不充满了深秋的气息、红叶的浪漫和大山的温情。

在大兴安岭兴安之巅远眺,极目四望,目不暇接,眼前层峦叠翠的群山,被秋风染成一片片黄的、绿的、深红、紫红、浅红五颜六色的,像一望无垠花的海洋,到处都是诗情画意般旖旎的风光,在蓝天、白云映衬下,娇艳似火,凝聚了冬春夏的精华,此时正是山花浪漫时。

那高大迷人的松树,那素雅清新的树干,树容非但没有因失去翠绿的松针而失色,反而更显楚楚动人,更加展露风情万种的欢颜,用它那健硕的枝干,争奇斗艳。

沐浴着山花浪漫的阳光,清馨的空气,任由那松针雨留存在身上,尽情地感受着这山花浪漫的独特韵味和美妙意境,那是一份宁静、一份浪漫、一份惬意,一份朦胧的、淡淡的遐想。

　　穿行在秋日的"五花山"中,感受着季节交替的洗礼,这浓浓淡淡的秋韵,深深浅浅的情趣,虚虚幻幻的景色,在秋风中,在秋阳里,轻轻地、静静地飘散着、升腾着。

　　"五花山"在大山里,在森林里,在记忆里,在灵魂深处,朋友,到大森林里来吧,您会领略到不一样的深秋,这里秋天有"五花山色",构成一幅美丽的画卷,让您流连忘返,情迷于此(图4.42)。

(a)

(b)

图4.42　大兴安岭"五花山"

（2）伊春五花山

森林城市伊春，是观赏"五花山"的胜地，因为"五花山"这个概念就起源于此。伊春市地处高纬度，有着广袤的亚寒带针阔混交林，秋季昼夜温差大，雨量充沛，具备了形成"五花山"的完美条件。每年到了秋天的时候，伊春开启了"秋天变色模式"：天高云淡、大地披锦、触目皆是绵延缤纷的"五花山色"。小兴安岭，层林尽染，漫山遍野美不胜收，仿佛打翻的调色板；桃园湖，湖水与群山相映成辉，秋色在这里更加柔和且富有诗意；日月峡起伏的山峦错落有致，森林像精致的丝绸闪耀着动人的色彩；养溪谷的枫叶，仿佛晚霞倾泻而下，明艳而美丽。

从每年的9月中旬开始持续4个星期，"五花山"的线条从伊春境内各区由北向南逐渐推进，或雄浑壮美，或精致秀丽，那种自然震撼之美令人陶醉，不知归路。而中秋节、国庆节期间最美的"五花山线"会推进到伊春全境，成为多彩的大林海，其壮美程度堪比任何世界级的景观。

欣赏"五花山"的时间从每年的9月中旬开始，龙江大地步入秋天，大地的秋色便开始逐渐变幻。9月中旬开始到"十一"长假，自然之笔绘就的五彩斑斓的山峦和金色的大地，伊春吸引着无数来自全国各地的游客。每一年的感觉都让人惊艳，每一天的景色都有每一天的不同，"林海晨雾罩，红松泛金辉，峡谷披彩衣，群山五花色，遍地铺秋叶"。这色彩，红黄绿，青蓝紫，仿佛大片的颜料将层林尽染。在这个时间不算长的黄金时节，人们争相来欣赏这个持续时间不会太长的视觉盛景！更是摄影爱好者的美丽天堂（图4.43）！

（3）哈尔滨五花山

每年到了秋天，总有人说到"五花山"赏秋叶。"五花山"指秋季山上的树叶渐渐变色，由于不同品种树木变色时间不同，导致远远看去，一座山呈现五颜六色，于是就叫"五花山"，并非特指某座山，而是指呈现了秋季来临树叶呈多种色彩的山。哈尔滨"五花山"赏秋时间为9月下旬至10月中旬这段时间，一般哈尔滨赏秋文化周都是在9月26—27日举行。观赏"五花山"最好的时间段是9月下旬到10月中旬。

① 哈尔滨香炉山国家森林公园

哈尔滨香炉山位于宾县城南30 km处，是张广才岭的余脉。因六座山峰连起来形状如香炉而得名。香炉山风景区是以山岳、森林、水体和冰雪等自然景观为主体，集旅游、度假、冰雪、文化娱乐等综合开发建设为一体的休闲旅游胜地。

秋天，香炉山国家森林公园天然混交林中的各色树种就出现了不同的颜色，形成了多姿多彩的"五花山"景观。红松依然保持四季常青的风格，落叶松呈现出金黄色，而枫树则变成娇艳的红色。由于山势高矮不同，坡向不同，受到阳光照射不一样，"五花山色"的层次也非常丰富，漫山遍野，蔚为壮观。缘于独特小气候，香炉山每年的"五花山"都格外娇美。在这个季节，最美的不是鲜花，而是树叶。叶子经历秋的洗礼，犹如少女绯红了脸颊，北方最美的季节、最有诗意的季节，就是多彩的秋天。

② 哈尔滨金龙山国际旅游度假区

金龙山国家森林公园位于张广财岭西麓、哈尔滨市阿城区吉兴龙树林场施业区，隶属阿城区林业局。该公园原名为横头山国家森林公园，2011年7月更为现名。此山主峰海拔826 m，是哈尔滨市第一高峰。绵延的山泉是阿什河的源头之一，在哈尔滨市区东南66 km处的金代发祥地境内，公园总面积10万亩，不但拥有一望无际的大森林，还是养生、休闲、避暑、度假的中心，被誉为哈尔滨的"后花园"。

森林公园六大景区实行"一票通"。园内以森林景观为主，以苍山岩壁为骨架，以清泉溪流

图 4.43　伊春"五花山"

为脉络,古迹人文点缀其间,形成了独特秀丽的风景。园内有 21 km 水泥路面纵横,有山路十八弯木栈道和探险八里川便路。这里有丰富的野生药材、花、灌木等植物资源。公园内环境清新优雅,自然景观别致,朝暮变化多姿。春有山清水秀、湖光山色;夏有绿荫掩映、姹紫嫣红;秋有"五花山色"、野果飘香;冬有银装素裹、雪压青松。来到金龙山让人感觉古朴神秘、返朴归真的感觉,倘佯林海,仿佛到了人间仙境。

金龙山国家森林公园春天的山是绿色的,那绿色淡淡的,许多树刚冒出芽来,还带着嫩嫩的黄色呢。夏天的山也是绿色,那绿色浓浓的一片片树叶,不管是大的还是小的,都像被绿油彩涂过,连雨点落上去,好像都给染绿了。秋天的山不再是一种颜色了。下过一场秋霜,有的树林变成了金黄色,好像所有的阳光都集中到那儿去了。有的树林变成了杏黄色,远远望去,就像枝头挂满了熟透的杏和梨。有的树林变成了火红色,风一吹,就像枝头挂满了熟透的杏和梨;有的树林变成了火红色,风一吹,树林跳起舞来,就像一簇簇火苗在跳跃;有的树林变成了紫红色。只有松柏不怕秋霜,针一样的叶子还是那么翠绿。秋天的山一片金黄,一片火红,一片翠绿,这就是秋天金龙山国家森林公园里的"五花山"(图4.44)。

图 4.44　哈尔滨"五花山"

第5章

黑龙江省其他气象景观介绍

黑龙江东西跨 14 个经度,南北跨 10 个纬度,全省土地面积居全国第 6 位,拥有五山一水一草三分田的地貌特征,省内下垫面复杂多样,光、热、水资源的时空分配与组合造就了黑龙江省多处别具一格的气象景观。2022 年,全国首批天气气候景观观赏地名单公布,其中雪乡雪舌、漠河冰泡湖、逊克雾凇三大景观上榜,而黑龙江省除了有上榜的三大景观之外,还有多种独特的气候景观。

5.1 霞、虹、极光、丁达尔

霞、虹、极光、丁达尔现象都属于天气景观,但由于对它们的观赏往往和气候、气象和地理环境等因素结合,尤其是气象因素,直接影响观赏条件和效果。因此,它们也可列入气象景观。

5.1.1 霞

5.1.1.1 霞景观

早晨和傍晚,在日出和日落前后的天边,时常会出现五彩缤纷的彩霞。朝霞和晚霞的形成都是由于空气对光线的散射作用。当太阳光射入大气层后,遇到大气分子和悬浮在大气中的微粒,就会发生散射。这些大气分子和微粒本身是不会发光的,但由于它们散射了太阳光,使每一个大气分子都形成了一个散射光源。根据瑞利散射定律,太阳光谱中频率较高的绿、蓝、紫等颜色的光最容易散射出来,而频率较低的红、橙、黄等颜色的光透射能力很强。因此,我们看到晴朗的天空总是呈蔚蓝色,而地平线上空的光线只剩频率较低的红、橙、黄光了。这些光线经空气分子和水汽等杂质的散射后,那里的天空就带上了绚丽的色彩,出现美丽的红霞了。有句气象术语"朝起红霞晚落雨,晚起红霞晒死鱼。"朝霞预示有雨,所以说晚落雨;晚霞则预示着晴天,晴天晒死鱼(图 5.1)。

5.1.1.2 最佳观赏地及观赏时间

最佳观赏地:大兴安岭阿木尔

最佳观赏时间:夏至前后

黑龙江大兴安岭阿木尔,位于祖国版图上的金鸡之冠,这里以黑龙江主航道为界与俄罗斯隔江相望。源于特殊的地理位置,这里的四季霞光各有特色,随着季节的变换,春夏秋冬的霞

图 5.1 霞

光会给人不同的惊喜,有橘黄色、桃红色、朱红色、葡萄紫,还有让人叫不出名称的色彩,尤其夏至前后会出现奇异的天象。朝霞绚丽多彩,与那初升的红日遥相呼应,由白变黄,由黄变红,向蓝莓小镇撒下一层薄薄的金黄;而晚霞似血,紫的、红的、粉红的、金黄的云彩,一片片,一团团,交错着,簇拥着,散发出多彩的霞光,把天空映得五光十色,构成了一幅壮丽的图景,像条条彩带,像层层梯田,像绵绵群山。好似画家用五颜六色的彩笔,把天空当画板,给空旷的天边点缀上色。小镇萨布素军马场对面的望马台,香獐岭湿地的悬崖边,金环岛的观景台是观赏朝霞的最佳地点,而在东山上的防火瞭望塔,阿木尔国家湿地公园,夜幕下的双妃湖畔静静地仰望远在天边的晚霞,一定会让人感慨万千。"莫道桑榆晚,为霞尚满天。"就是唐代著名诗人刘禹锡年过六旬时,在《酬乐天咏老见示》中结尾的一句话,表达了作者自喻晚霞,要继续发挥余热的远大志向(图5.2)。

图5.2　大兴安岭霞光

5.1.2　虹

5.1.2.1　虹景观

虹是天空中的弧形彩带,是气象中的一种光学现象。因为阳光射到空中接近球形的小水滴,造成色散及反射而成。阳光射入水滴时会同时以不同角度入射,在水滴内亦以不同的角度反射。当中以 $40°\sim42°$ 的反射最为强烈,造成我们所见到的彩虹。造成这种反射时,阳光进入水滴,先折射一次,然后在水滴的背面反射,最后离开水滴时再折射一次,总共经过一次反射两次折射。因为水对光有色散的作用,不同频率光的折射率有所不同,红光的折射率比蓝光小,而蓝光的偏向角度比红光大。由于光在水滴内被反射,所以观察者看见的光谱是倒过来的,红光在最上方,其他颜色在下。

霓是经常出现在主虹外侧昏暗的第二道彩虹,是阳光经由雨滴内两次反射和两次折射产生的,出现的角度在 $50°\sim53°$ 。两次反射的结果,使得霓的色彩排列和虹的弧相反,蓝色在外而红色在内。霓比虹暗弱,因为两次反射不仅使得更多的光线逃逸掉,散布的区域也更为宽广。因此,彩虹和霓虹的高度不一样,颜色的层递顺序也正好反过来。

最佳观赏地:黑河

最佳观赏时间:夏、秋

黑河以黑龙江主航道中心线为界,与俄罗斯远东第三大城市——阿穆尔州首府布拉戈维申斯克(海兰泡)市隔黑龙江相望,是中俄边境线上唯一一对规模最大、规格最高、功能最全、距离最近的与我国黑河市对应的城市,最近处相距仅750 m。黑河市降雨期间,当城市西侧的天际露出了阳光,城东侧出现彩虹的时候,彩虹就会横跨黑龙江。彩虹南端的圆环落点位于黑河市,彩虹北端恰好落在俄罗斯的布拉戈维申斯克(海兰泡)市,形成珍贵的跨国彩虹,甚至是双彩虹。彩虹象征着自由与美好,"诗仙"李白曾在《梦游天姥吟留别》中写出了"霓为衣兮风为马",来表示对自由的向往与追求。彩虹同样寓意着爱情与吉祥。近年来跨国婚姻已经成为了年轻人的"新宠",虽说用彩虹做为爱情的见证已是屡见不鲜,但用跨国彩虹做为跨国爱情的见证却显得弥足珍贵。黑河冬长夏短,夏季雨热同现,夏季最高气温的平均气温为24 ℃,是理想的避暑胜地。夏季可以来黑河避暑,选择恰当的时机,在跨国彩虹的相伴下在美丽的界江留下爱情的印记。

图5.3 虹景观

5.1.3 极光

5.1.3.1 极光景观

极光是一种大自然天文奇观,它没有固定的型态、颜色也不尽相同,颜色以绿、白、黄、蓝居多,偶尔也会呈现艳丽的红紫色,曼妙多姿又神秘难测。极光的发生只有在高纬度的地区才有机会目睹。在地球的极地,极光是经常出现的,但是人们能看到的机会并不多,在低纬度看到的机会更少。

5.1.3.2 最佳观赏地及观赏时间

最佳观赏地:漠河

最佳观赏时间:夏至前后

我国的漠河县位于53°N线上,是中国纬度最高的县份,自然地理位置决定了漠河是中国观赏北极光的最佳地方。观测极光要受天气条件的影响,只有在夜间无云或少云、无雾、无风的情况下才能看到。白天因阳光亮度大,极光亮度小,所以白天是看不到北极光的。以漠河为例,从1957年漠河建立气象站到2004年的48年资料统计,共有39天观测到了北极光。但是,也并不是说每一年都会出现北极光,漠河气象站建站48年中极光只出现了18年次,另外30年都没有出现。而且不是每个月都会出现北极光,12年中有9个月出现,3个月没有出现。其中5月、12月各出现1次,较冷的1月和较热的6月、7月没有出现。出现最多的年份是1989年共8次;出现最多的月份是2月共9次。而且一日内(夜间)出现次数一般为1~2次,出现次数最多的一日是1981年10月22—23日出现4次,合计3小时22分。1982年6月18日辽宁省建平和黑龙江省加格达奇均观测到北极光,而漠河气象站因为是云雨天气却没有观测到。由此可见,受天气条件的影响,北极光出现的次数要多于实际观测到的次数极光出现时间:极光出现最多的月份是2月、3月、4月、8月、9月、10月、11月。观看极光最佳时间:漠河极光在6、7月份出现,但是不一定能看到。观测北极光通常在每年夏至前后9天的夜晚,因为夏至前后漠河常出现万里晴空的天气,在北极与漠河之间没有云层阻隔的条件下,人们就可以看到壮观至极的北极光了。纵观我国多年来对北极光监测资料显示,北极光的出现没有什么特定的规律。正因为极光的出现没有特定的规律可循,才更加带给人们无限的神秘感。北极村是大兴安岭地区漠河市漠河北极村乡所辖村,是我国5A级旅游景点,一直以来都被称作"九州北极圈"和"不夜城",每一年小暑前后左右,北极村一天24小时几乎全是白天,因此,这个时候是欣赏极光最合适的季节。

5.1.4　丁达尔

5.1.4.1　丁达尔景观

当一束光线透过胶体,从垂直入射光方向可以观察到胶体里出现的一条光亮的"通路,这种现象叫作丁达尔现象或丁达尔效应。丁达尔现象的形成,是靠雾气或是大气中的颗粒,当太阳照射下来投射在上面时,就可以看出光线明显的线条,加上太阳大面积的光线,所以投射下来的不会只是一点点,而是一整片的壮阔画面。丁达尔现象一般出现的时间在清晨、日落时分或者雨后云层较多的时候。丁达尔现象在电影《大鱼海棠》中频繁运用,很多画面和场景都是通过天空中射下的一束光来显现神圣感(图5.4)。

5.1.4.2　最佳观赏地及观赏时间

最佳观赏地:大兴安岭

最佳观赏时间:6月

"丁达尔现象"在6月的大兴安岭极为常见。进入6月后,气温攀升,雨水也变得多了起来,晴雨交错,碧空如洗,天空呈现出精彩纷呈的奇景,云诡波谲,变幻莫测,令人赏心悦目,叹为观止。时而金色的阳光从云层的缝隙中向下射出,宛如一道道光柱射向小镇,霞光万丈;时而黑云遮蔽的太阳透过浓厚的云层向上折射出一束束金色的光柱,刺破苍穹,形成神奇的丁达尔景象,给人以强烈的视觉冲击;更有罕见的"五彩祥云"伴随,金红色的光束穿透蓝色的云层之间,蔚为壮观,极为罕见。

图 5.4　丁达尔现象

5.2　冰雾、雾凇、冰泡湖、雪舌

5.2.1　冰雾

5.2.1.1　冰雾景观介绍

冰雾是由悬浮在空气中的大量微小冰晶组成的雾,又称冰晶雾。由于近地气层温度很低,如果雾中同时存在过冷却水和冰晶,由于冰面饱和水汽压比水面饱和水汽压小,水滴就会逐渐蒸发,而水汽在冰晶上凝华使之逐渐增大,同时过冷却水滴与冰晶接触又会立刻冻结,结果就变成冰雾。如果雾中冰晶长得很大,就会向地面降落而使雾趋于消散。

冰雾常见于严寒地区的冬季。由于近地气层温度很低,一般多在−40 ℃以下,使空气中的水汽凝华而形成。冰雾的颜色同水汽雾一样呈灰白色,如果伴有灰霾颜色会略深一些。同时,冰雾还是高寒地区人们鉴定极端气温的标志,这种天气现象被形象的称作"冒白烟"。冰雾现象常在空气干冷、无风、天空无云的夜晚和清晨出现,有时持续到中午才散去(图5.5)。

5.2.1.2　最佳观赏地及观赏时间

最佳观赏地:呼中

最佳观赏时间:冬季

呼中镇位于黑龙江省西北部大兴安岭伊勒呼里山北麓,四面环山,境内千米高山达800多座,平均海拔810 m左右,无霜期仅有83天,年平均气温−4.3 ℃,历史最低气温达−53 ℃,

冬季常出现冰雾奇观,素有"中国最冷小镇"之称。

图 5.5 冰雾

5.2.2 雾凇

5.2.2.1 雾凇景观

　　雾凇景观是低温时空气中水汽直接凝华,或过冷雾滴直接冻结在物体上的乳白色冰晶沉积物,是非常难得的自然奇观。雾凇非冰非雪,表现为白色不透明的粒状不透明沉积物。雾凇的形成条件很苛刻:既要求冬季寒冷漫长,又要求空气中有充足的水汽;既要求天晴少云,又要求静风,或是风速很小。雾凇形状主要有两种,一种是过冷却雾滴碰到冷的地面物体后迅速冻结成粒状的小冰块,叫粒状雾凇(或硬凇),它的结构较为紧密;另一种是由雾滴蒸发时产生的水汽凝华而形成的晶状雾凇(或软凇),结构较松散,稍有震动就会脱落。

　　雾凇是其学名,现代人对这一自然景观有很多更为形象的叫法。因为它美丽皎洁,晶莹闪烁,极像盎然怒放的花儿,被称为"冰花";因为它在凛冽的寒流袭卷大地、万物失去生机之时,像高山上的雪莲,凌霜傲雪,在斗寒中盛开,韵味浓郁,被称为"傲霜花";因为它是大自然赋予人类最精美的艺术品。每当雾凇来临,柳树结银花,松树绽银菊,就如岑参诗句中描写的那样"忽如一夜春风来,千树万树梨花开",把人们迅速带进如诗如画的仙境。

5.2.2.2 最佳观赏地及观赏时间

　　最佳观赏地:逊克

　　最佳观赏时间:11 月到次年 2 月

　　黑龙江省逊克大平台雾凇风景区位于逊克县东南部山区克林乡境内库尔滨河流域,由于库尔滨水库的水电站每天发电都要释放 0 ℃以上的水,河水常年不冻,形成了浓浓的雾气,和冷空气融合交锋,便形成了壮观的仿若童话世界的雾凇奇景。库尔滨河流域的雾凇形成的周期长,可达 4 个月之久,雾凇每天的停留时间多达 10 小时。河谷沿岸每天清晨都挂满雾凇,雪野无垠,银装素裹,面积可达 300 km²。河谷东岸峭壁如刀削般巍然屹立,河中怪石嶙峋,西岸火山岩高低错落,撒满银雪,似孩童手中的棉花糖,让人不忍触摸,也使得众多摄影家们"折腰"于此(图 5.6)。

图 5.6 雾凇

5.2.3 冰泡湖

5.2.3.1 冰泡湖景观

冰泡湖是一种比较少见的自然现象,多在冬季出现,其形成需要 5 个基本条件:一是气温急降,湖泊结冻;二是要有可在水中释放气体的源头;三是湖泊当地温度急速降到冰点以下;四是冰封的速度足够快,要超过湖底气泡冲向水面的速度;五是湖水要保持相对静止,有充足的矿物质,这样气泡就具备了被"锁"在冰层之中的条件。

5.2.3.2 最佳观赏地及观赏时间

最佳观赏地:漠河

最佳观赏时间:10 月到次年 3 月

在全球不超过 5 个的冰泡湖中,中国占了两个,其中漠河市观音山景区的莲花湖是中国最北唯一的冰泡湖,一般出现在 10 月末至来年 3 月。莲花湖的"冰泡"晶莹剔透、造型奇特,有的形似"飞碟"一飞冲天,有的形似"珊瑚"美轮美奂,有的形似"观音"端坐莲台,美妙绝伦的"原创"冰泡给寒冷漫长的冬季增添了别样的情趣,已成为漠河冬季最火爆的"网红打卡点",吸引了众多"冰泡"粉丝和摄影爱好者慕名而来(图 5.7)。

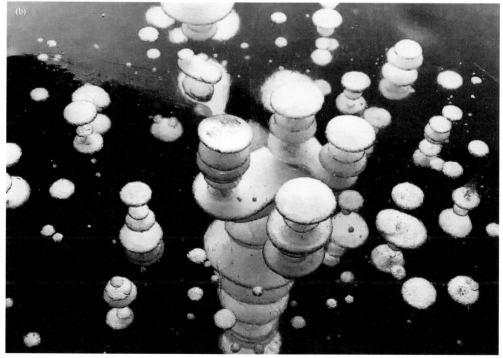

图 5.7　冰泡湖

5.2.4 雪舌

5.2.4.1 雪舌景观

雪花有 11 种形态, -5 ℃时,雪花是针状和六棱柱状, -15 ℃时,雪花是六棱花状, -25 ℃时,雪花是六棱柱状,并且湿度越大雪花的枝杈越多,雪花的枝杈越多,相互勾连聚合成团的黏性越大。丰富的降雪、稳固的雪花形状和独特的"房顶"结构是形成雪舌的前提条件。雪舌大都宽 1~2 m,厚 16~17 cm,伸出"房檐"1 m 多还低悬不落,有的雪舌甚至可以一直延伸到地上,和雪地长在了一起,使人不由得联想到生日宴会上巨大的奶油蛋糕。

5.2.4.2 最佳观赏地及观赏时间

最佳观赏地:雪乡

最佳观赏时间:10 月到次年 4 月

雪乡景区在牡丹江市海林县境内,坐落于长白山脉张广才岭与老爷岭交汇处,海拔高 1100 m 左右。受日本海暖湿气流和贝加尔湖冷空气频繁交汇,这里形成了山高林密的小气候,冬季降雪期可从每年的 10 月延续到次年的 4 月,降雪期的温度常常保持在 -15 ℃,湿度也始终维持在 80%左右。由于三面环山,受山脉阻挡,原本五六级的风刮到这里只有二三级了。微风的妙处就是不会把屋顶厚厚的积雪吹落,但又能把表层的积雪吹到房屋一侧,层层累积起来,靠着自身重量产生的压力,让原本勾连在一起的雪花压得更加紧实,慢慢的就成为了一个不会脱落的整体,于是也就有了雪舌的奇观。也正是由于这些特殊的环境因素,才造就了雪乡这个宛如童话般的冰雪世界。一场大雪过后,漫步雪乡,看着那些"雪蘑菇"和"雪蛋糕",仿佛置身于电影《绿野仙踪》里北风女神的宫殿,一切的一切,都被"雪公主的巧手"做成了冰清玉洁的雕塑。走入中国雪乡,定会让您赏心悦目,不虚此行(图 5.8)。

图 5.8　雪乡雪景